WERKSTATTBÜCHER

Verzeichnis der zur Zeit greifbaren und der in Kürze erscheinenden Hefte, nach Fachgebieten geordnet

Das Gesamtverzeichnis mit Inhaltsangabe jedes einzelnen Heftes ist erhältlich in den Fachbuchhandlungen und unmittelbar beim Springer-Verlag, 1 Berlin 31 (Wilmersdorf), Heidelberger Platz 3

Preis jedes Heftes DM 4,50 (die mit * bezeichneten DM 6,—)
Bei gleichzeitigem Bezug von 10 beliebigen Heften ermäßigt sich der Heftpreis um 20%

Urformen (Gießerei)

Werkstoffe, Hilfsstoffe

Umformen

Umformen mit Trennen und Fügen

(Fortsetzung 3. Umschlagseite)

WERKSTATTBÜCHER

FÜR BETRIEBSFACHLEUTE, KONSTRUKTEURE UND STUDIERENDE

HERAUSGEBER DR.-ING. H. HAAKE, HAMBURG

HEFT 72

Gießereimodelle

Grundlagen, Herstellung, Verwendung

Von

Emil Kadlec

Berufsschuloberlehrer, Wien

Dritte verbesserte Auflage
des vorher unter dem Titel „Fachkunde für den Modellbau"
erschienenen Heftes
(13. bis 18. Tausend)

Mit 420 Abbildungen

Springer-Verlag
Berlin / Heidelberg / New York
1965

ISBN-13: 978-3-540-03431-5 e-ISBN-13: 978-3-642-94937-1
DOI: 10.1007/978-3-642-94937-1

Inhaltsverzeichnis

Titel-Nr. 7054

Vorwort

Die vorliegende dritte Auflage[1] dieses Werkstattbuches wurde vom Verfasser an vielen Stellen durch schwierigere Beispiele und durch technische Ergänzungen der besprochenen Verfahren und Vorgänge erweitert. Damit hierdurch der zulässige Umfang nicht überschritten wurde, ließ es sich nicht vermeiden, einige hier weniger wichtige Angaben wegzulassen, z. B. über Lagerung, Handelsformen und Preisberechnung des Holzes sowie über Hilfsstoffe und Hilfsverfahren, die auch sonst in der Technik allgemein verwendet werden und deren Kenntnis hier vorausgesetzt werden kann. Neue Normen wurden berücksichtigt, Bezeichnungen und Benennungen ihnen angepaßt, Zahlenwerte und sonstige Tabellenangaben entsprechend berichtigt.

So möge auch diese dritte Auflage in Kreisen der Fachleute ein Hilfsmittel und Ratgeber sein, Konstrukteuren und Studierenden nützliche Anregungen geben und allen sonstigen Interessenten zur Einführung dienen in das Gebiet des Gießereiwesens, hier insbesondere der Gießereimodelle, ihrer Herstellung und Verwendung.

Einleitung

Jeder produktiven Arbeit in der Modellwerkstätte und in der Gießerei geht die schöpferische Arbeit des konstruierenden Ingenieurs voraus, dessen Ziel es ist, Metallteilen eine bestimmte Form zu geben, sie in der erforderlichen Anzahl herzustellen und dabei das wirtschaftlichste Verfahren anzuwenden. Als solches kommt neben Schmieden, Schweißen, Kaltverformen und Spanen aus dem Vollen das „Gießen" in Betracht. Man braucht dazu ein Negativ des „Gußstückes", die „Gußform", zur Aufnahme des flüssigen Metalles. Sie wird unter Verwendung eines „Modelles" mittels Formsand oder anderer geeigneter Formstoffe in einem Formkasten oder im Herd (Gießereiboden) geformt. Danach nimmt man das Modell aus der Form heraus, legt bei Hohlkörpern und schwierig gestalteten Teilen noch aus Formmasse geformte „Kerne" ein und gießt nun in die fertige Form das flüssige Metall. Das „Gußstück" kann aus Stahlguß, Grauguß, Temperguß, Schwermetall- oder Leichtmetallguß bestehen, während das „Modell" aus Holz, Metall, Gips oder Kunstsstoff gefertigt wird. Es ist unbedingt notwendig, daß der Arbeitsgang bis zum fertigen Guß schon bei der Konstruktion von Gußstücken modell-, form- und gießereitechnisch genau erwogen wird. Wird diese Erkenntnis beim Konstruieren zugrunde gelegt und besteht ein gutes Einvernehmen zwischen Konstruktionsbüro, Modellwerkstätte und Gießerei, dann sind durch den gegenseitigen Erfahrungsaustausch große Einsparungen an Arbeitszeit und Werkstoff möglich[2]. Einige Hinweise sollen dies vorweg begründen.

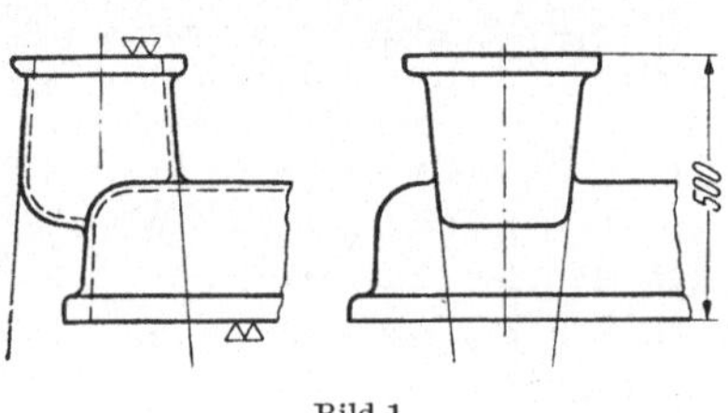

Bild 1

[1] Die erste Auflage (Titel „Das ABC für den Modellbau") ist 1939, die zweite (Titel „Fachkunde für den Modellbau") 1951 erschienen.

[2] Siehe „Werkstattgerechtes Konstruieren" (VDI-Blätter) und Werkstattbuch Heft 30 „Einwandfreier Formguß".

Anmerkung: Über „Modelltischlerei, Grundlagen und Beispiele bis zu den schwierigsten Modellen" siehe auch die Werkstattbücher Heft 14 u. 17; Modellplatten siehe Heft 37. Ferner sei hingewiesen auf Heft 66 „Maschinenformerei" und Heft 70 „Handformerei".

Bei Körpergrundformen z. B. muß formtechnisch mmer der Leitgedanke sein: Zylindrische Formen sind *kegelförmig* und prismatische Formen sind *pyramidenförmig* in der Ausheberichtung zu konstruieren. Bild 1 zeigt in diesem Sinne eine Fehlkonstruktion, weil die Neigung einmal nach oben und einmal nach unten verläuft. Hier müssen beim Formen Kernstücke gegeben werden, weil einerseits das Modell nicht aus dem Formsand entfernt werden kann und andererseits die Kerne nicht eingelegt werden können. Um Modell- und Kernkastenkosten einzusparen, sind Modelle für großen Guß so zu konstruieren, daß sie durch *Umschrauben* für andere Gegenstände verwendet werden können. Auch Hohlräume, die mit Kern geformt werden, müssen so beschaffen sein, daß sie, wo es die Konstruktion erlaubt, in den Hauptausmaßen ähnlich gestaltet werden, um einen Kernkasten durch *Umschrauben* für mehrere Kerne verwenden zu können (Bild 2).

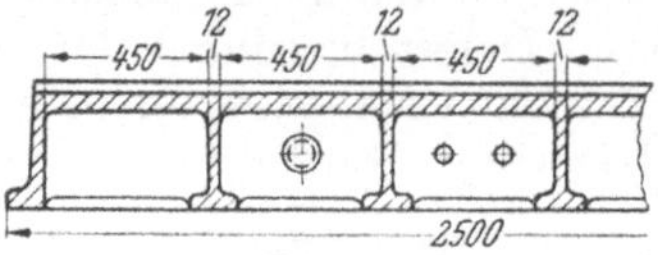

Bild 2

I. Werkstoffe und Werkzeuge für den Modellbau

A. Das Holz

1. Holzzellen. Das Holz ist ein organischer Stoff. Die Lebenstätigkeit der kleinen Teilchen liegt im Zellenbau (Bild 3).

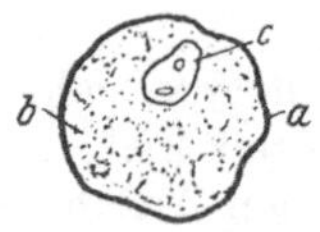

Bild 3. Schema einer Zelle

a Zellhaut; *b* Protoplasma mit Blattgrün; *c* Zellkern mit Kernkörperchen

An das Protoplasma (Urbildungsstoff) ist das Leben gebunden. Im späteren Alter zieht sich das Plasma immer mehr zusammen. Die entstehenden Hohlräume füllen sich mit einer wäßrigen Flüssigkeit, dem Zellsaft, der endlich den ganzen Innenraum der Zelle ausfüllt, so daß das Plasma nur mehr als eine dünne Schicht die Innenseite der Zellwand überzieht (Bild 4). Die ältesten Zellen, z. B. im Kern der Bäume, enthalten nur mehr Luft und Saft, die Zellwand ist dicker und fester geworden, sie ist verholzt. Weil kein Plasma mehr vorhanden ist, nehmen solche Zellen am Leben der Pflanze nicht mehr teil. Solche leeren Zellen können von der Pflanze zur Aufspeicherung von Farbstoffen, Gerbsäure, Harz und anderem benutzt werden.

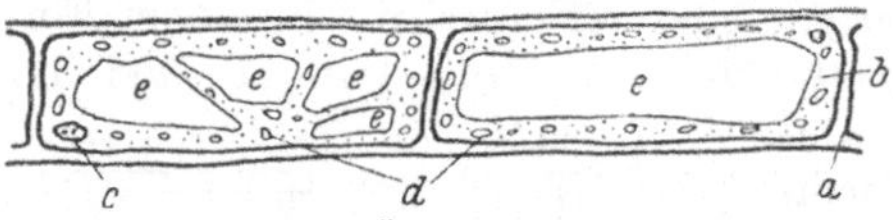

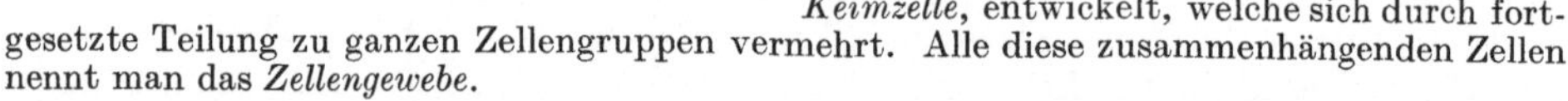

Bild 4. Ältere Zellen

a, *b* u. *c* wie Bild 3; *d* Farbstoffträger; *e* Safträume

Einzellige Pflänzchen, Algen genannt, können an feuchten Mauern und in Tümpeln beobachtet werden.

Mehrzellige Pflänzchen, die höher entwickelten, haben sich auch aus einer Zelle, *Keimzelle*, entwickelt, welche sich durch fortgesetzte Teilung zu ganzen Zellengruppen vermehrt. Alle diese zusammenhängenden Zellen nennt man das *Zellengewebe*.

2. Schema des Stammbaues. Zunächst sehen wir in Bild 5 drei Schichten: Mark, Holz und Rinde. Der Baum wächst von dem zwischen Holz und Rinde liegenden *Bildungsgewebe* aus. Seine Innenschicht verholzt im Laufe des Jahres und bildet einen sog. *Jahresring*, während an seiner Außenschicht im nächsten Jahre ein neues Bildungsgewebe entsteht und so die Rindenschicht *nach außen* treibt. Die verholzten Gewebe werden gegen den Kern zu immer *härter* und *dunlker* (Verkernung). Die Markstrahlen, von denen *6* und *7* in Bild 5 als Spiegelflächen erscheinen, haben die Aufgabe, die Nahrungsstoffe in waagerechter Richtung zu leiten.

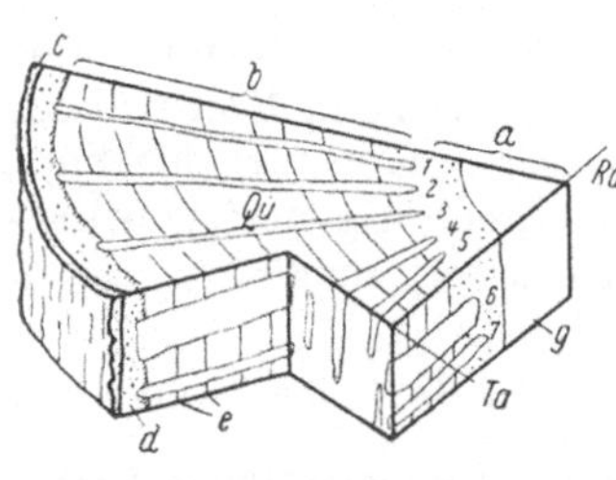

Bild 5. Ausschnitt aus einem Baumstamm

a Mark; *b* Holz; *c* Rinde; *d* Bildungsgewebe; *e* Jahresring; *Ra* Radialschnitt; *Ta* Tangentialschnitt; *Qu* Querschnitt, Hirnschnitt; *1*···*7* Markstrahlen

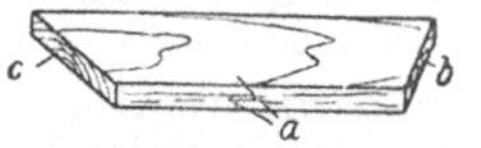

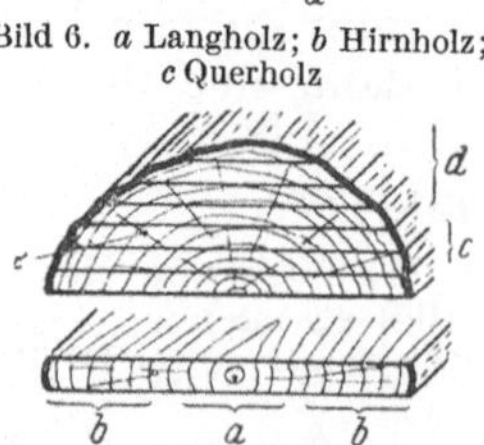

Bild 6. *a* Langholz; *b* Hirnholz; *c* Querholz

Bild 7. *a* Kern; *b* Splint; *c* Kernhölzer; *d* Splinthölzer; *e* Luftrisse (Trockenrisse)

3. Benennung der Holzflächen. Je nachdem der Schnitt durch das Holz gelegt wird, unterscheidet man, wie in den Bildern 6 und 7 dargestellt:

1. *Langholz*, Längenabmessung liegt in der Längsrichtung des Holzes.
2. *Hirnholz*, senkrecht zur Längsrichtung des Holzes geschnitten.
3. *Querholz*, schräg zur Längsrichtung des Holzes geschnitten.
4. *Spiegelholz*, radial nach den Markstrahlen geschnitten bzw. gespalten.
5. *Kernhölzer*, die inneren Bretter eines Stammes.
6. *Splinthölzer*, die äußeren Bretter eines Stammes.

Kernholzbretter sind die besseren, Splintholzbretter die schlechteren Bretter eines Stammes.

4. Das Arbeiten des Holzes entsteht aus seiner Empfindlichkeit gegen die Einflüsse der Witterung, besonders des Wechsels von Feuchtigkeit und Trockenheit. Die Folge davon ist das *Schwinden*. Verlieren die Zellen beim Trocknen ihren flüssigen Inhalt, so ziehen sie sich zusammen. Die größte Schwindung liegt in der Jahresringrichtung, die kleinste in der Längsrichtung des Holzes (s. Tab. 1 und Bild 8). Daraus ergibt sich eine mitunter beträchtliche Formänderung beim Trocknen, das sog. Werfen (Bild 9): Fläche $a/2$ wölbt sich, während die Flächen b fast gerade bleiben. Das jüngere Splintholz ist reicher an Saft als das ältere Splintholz und das Kernholz. Die feuchtere Splintseite (Bild 10) kann mehr Wasser abgeben, zieht sich daher auch mehr zusammen. Die Auswölbung liegt daher in entgegengesetzter Richtung der Jahresringbildung (Bild 9).

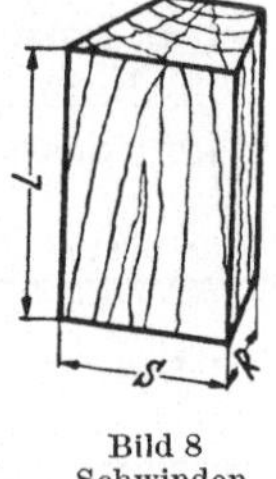

Bild 8
Schwinden

Tabelle 1. *Schwinden nach dem Längs-, Radial- und Tangentialschnitt* (Bild 8)

Holzart	*L* in %	*R* in %	*S* in %
Ahorn	0,11	2,06	4,13
Eiche	0,03	2,65	4,13
Erle	0,30	3,16	4,15
Esche.......	0,26	5,35	6,90
Fichte	0,09	2,08	2,62
Föhre.......	0,01	2,49	2,87
Linde	0,10	5,73	7,17
Nußbaum ...	0,22	5,40	10,30
Rotbuche ...	0,20	5,25	7,03
Tanne	0,10	3,25	6,11
Ulme (Ruster)	0,05	3,85	4,10
Weißbuche ..	0,21	6,82	8,00

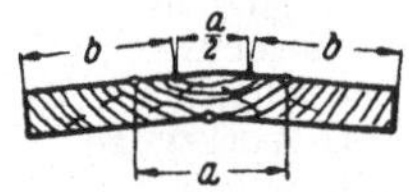

Bild 9. Schwinden und Werfen

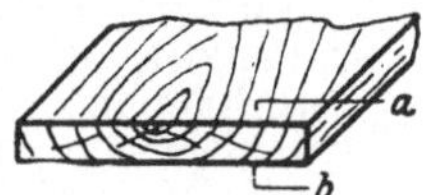

Bild 10. Benennung der Brettseiten

a rechte Seite oder Kernseite; *b* linke Seite oder Splintseite

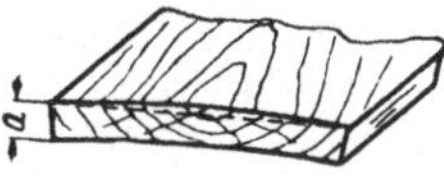

Bild 11
Richtiges Abrichten

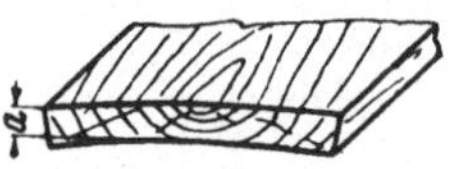

Bild 12
Ungünstiges Abrichten

Die Seite, deren Jahresringe in der Richtung zum Kern (Mark) ergänzt werden können, nennt man rechte Seite oder Kernseite, die gegenüberliegende die linke Seite oder Splintseite (Bild 10). Beim *Abrichten* (*Hobeln*) *eines Brettes* bleibt die Kantendicke a (Bilder 11 u. 12) erhalten, wenn zuerst die rechte Seite abgerichtet wird (wegen Verleimen, es bleibt so eine größere Leimfläche). Den natürlichen Veränderungen (Schwinden, Werfen) steht man eigentlich machtlos gegenüber. Eines ist nur möglich, nämlich den Bau der Erzeugnisse so einzurichten, daß die Folgen des Arbeitens so wenig wie möglich zur Geltung kommen. Zu diesem Zweck kann man dem Arbeiten des Holzes entgegenwirken:

a) D u r c h V e r l e i m u n g. Der Kern wird herausgeschnitten (Bild 13); Kernbretter ohne Mark werden nur durchgeschnitten. Dann werden die Splintkanten verleimt (Bild 14). Bei Flächen werden die linken Seiten (Splintseiten) verleimt, also rechte Seite nach außen (Bild 15). Bei falscher Verleimung (Bild 16) klaffen die Kanten. Beim *Fügen* sind linke und rechte Seiten abwechselnd einmal nach oben und einmal nach unten zu geben (Bild 17).

b) Durch Versteifung (s. auch Abschn. 19). Man hobelt oder fräst Nuten quer zur Längsrichtung der Hölzer ein und bringt darin *Einschubleisten* (Bild 18) an,

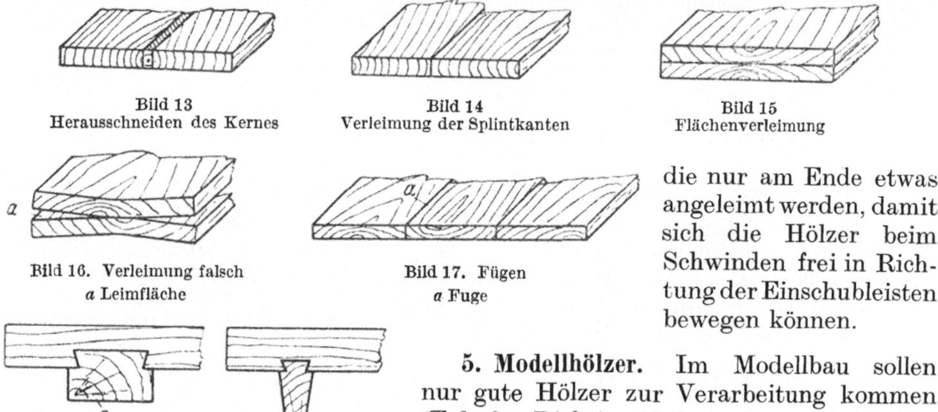

Bild 13 Herausschneiden des Kernes

Bild 14 Verleimung der Splintkanten

Bild 15 Flächenverleimung

Bild 16. Verleimung falsch *a* Leimfläche

Bild 17. Fügen *a* Fuge

Bild 18. Versteifung durch Einschubleisten (*a*)

die nur am Ende etwas angeleimt werden, damit sich die Hölzer beim Schwinden frei in Richtung der Einschubleisten bewegen können.

5. Modellhölzer. Im Modellbau sollen nur gute Hölzer zur Verarbeitung kommen (Tab. 2). Richtige Maße bedingen Beständigkeit des Holzes.

Tabelle 2. *Modellhölzer*

Holzart	1 m³ wiegt lufttrocken mit etwa 10···15% Wasser	Härte	Farbe	Verwendungsart
Ahorn	675 kg	hart	weiß	genaue Modellarbeiten
Birnbaum	742 kg	hart	rötlichbraun	genaue Modellarbeiten
Erle	530 kg	weich	braun	mittelgroße Modelle
Fichte	475 kg	weich	gelblichweiß	große Modelle für wenig Abgüsse
Föhre	525 kg	weich	rötlich	große Modelle
Linde	460 kg	weich	weißlich	Stecharbeiten
Rotbuche	745 kg	hart	rötlichbraun	Schablonen
Weißbuche	710 kg	hart	weißlich	Futter, Werkzeuge

Harzreiches Holz, wie Föhre, läßt die Feuchtigkeit wenig eindringen, ist daher für große Modelle besonders geeignet.

Ahorn- und Birnholz sind für kleinere, genaue Modellarbeiten zu verwenden.

Erlenholz ist ein geschätztes Modellholz, teils wegen leichter Bearbeitung, teils wegen der gleichmäßigen Beschaffenheit; Hirnholz und Langholz sind in der Härte annähernd gleich.

Tabelle 3. *Wichte γ (spezifisches Gewicht) von Hölzern, lufttrocken*

Ahorn	0,61···0,74	Linde	0,32···0,60
Birnbaum	0,64···0,83	Nußbaum	0,60···0,81
Eiche	0,69···1,03	Pappel	0,39···0,59
Erle	0,42···0,64	Pitchpine	0,83···0,85
Esche	0,69···0,89	Pockholz	1,2 ···1,4
Fichte	0,35···0,60	Rotbuche	0,66···0,83
Föhre	0,31···0,74	Tanne	0,37···0,60
Lärche	0,47···0,60	Weißbuche	0,62···0,80

Harte Hölzer haben ihre Teilchen näher aneinander gelagert als weiche, die *Dichte* der Harthölzer ist daher größer, somit auch die Wichte. Diese ist das Gewicht von 1 dm³ einer Holzart in Kilogramm, d. h. verglichen mit Wasser von 4° C, welches mit 1 angenommen wird (Tab. 3). Den Kubikinhalt von Schnittholz in dm³ (= cdm) berechnet man aus Länge × Breite × Dicke (entweder: alle Maße in dm; oder: Länge in m, Breite und Dicke in mm und das Produkt durch 1000 geteilt) und braucht diesen Wert dann nur noch mit der Wichte malzunehmen, um das Gewicht in kg zu erhalten.

B. Werkzeuge

6. Hobel. Der Hobelkörper wird aus Weißbuche oder Grauguß hergestellt. Die Hobeleisen (Bilder 19 u. 20) sind aus Werkzeugstahl bzw. damit belegt. Man unterscheidet:

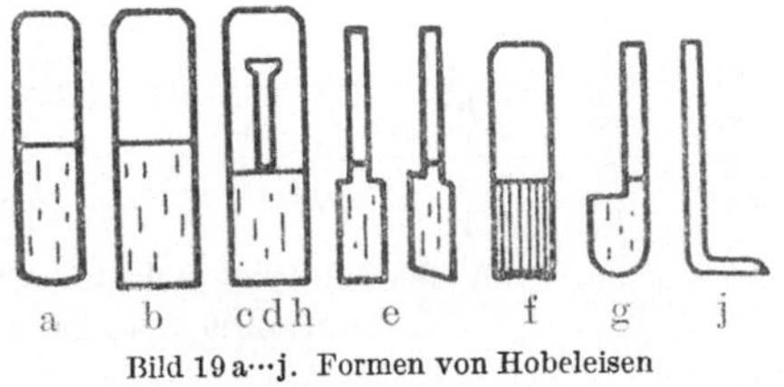

Bild 19 a···j. Formen von Hobeleisen
c), d) u. h) mit Klappe (vgl. Bild 20)

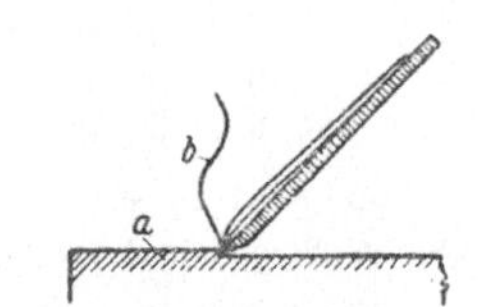

Bild 20. Hobeleisen mit Klappe
a Werkstoff; *b* Span

a) Schrupphobel,	Schneidenbreite	30···39 mm
b) Schlichthobel,	,,	39···51 mm
c) Doppelhobel,	,,	39···51 mm
d) Rauhbankhobel,	,,	51···60 mm
e) Gesimshobel,	,,	9···33 mm
f) Zahnhobel,	,,	39···48 mm
g) Hohlkehlhobel,	,,	6···51 mm
i) Schabhobel [vgl. b), doch kürzer und und mit einem Schlitz versehen]		
h) Schiffshobel,	,,	42 mm
j) Grundhobel.		

Die *Klappe* (bei c, d, h) soll von der Schneide 1···1,5 mm entfernt sein. Ein knapper Abstand der Klappe von der Schneide bewirkt ein feines Putzen beim Hobeln.

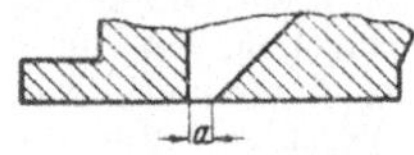

Bild 21
Spanöffnung eines Hobels

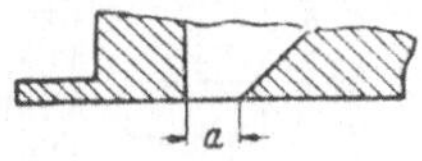

Bild 22
Erweiterte Spanöffnung

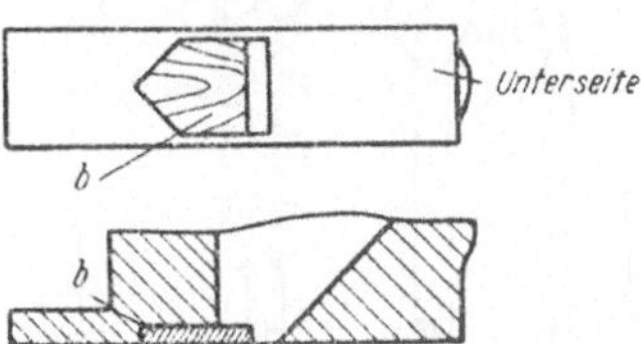

Bild 23. Herzeinlage *b* zum Verengen der Spanöffnung

Ein Hobel mit gerader Unterfläche soll an den Enden etwas abfallend sein (Zeitungspapierdicke), dann greift er besser an.

Die *Spanöffnung a* soll klein sein (Bild 21). Wird ein Hobel auf der Unterseite öfter abgerichtet, so erweitert sich die Spanöffnung *a*, der Hobel kann nicht mehr fein putzen (Bild 22). Um in diesem Falle nicht gleich eine Sohle aufleimen zu müssen, empfiehlt sich das Anbringen einer Einlage (Bild 23). Diese Herzeinlage wird genau eingepaßt und eingeleimt. Wird dieser Vorgang jedoch öfter wiederholt, so muß schließlich, wenn der Hobel zu niedrig wird, eine Sohle aufgeleimt werden (Bild 24). Das Spanloch *a* wird in solchem Falle neu durchgestemmt.

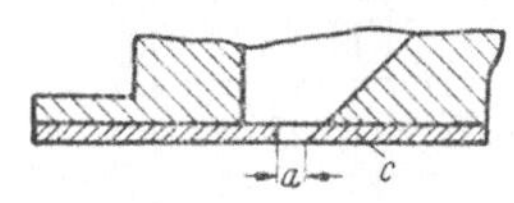

Bild 24. Hobelkörper mit Sohle *c* versehen

7. Stemm- und Stechwerkzeuge (Bild 25) werden aus Werkzeugstahl hergestellt und besitzen eine große Festigkeit (geringe Bruchgefahr).

a) Stemmeisen,	Eisenbreite	4···50 mm
b) Stechbeitel,	,,	5···50 mm
c) Balleisen,	,,	20···30 mm
d) Lochbeitel,	,,	3···20 mm
e) Hohleisen,	,,	6···50 mm
f) Bildhauer-Stecheisen, 24 verschiedene Formen.		

Das *Stemmeisen* ist schräg zum Werkstück, in der *Faserrichtung* des Holzes zu führen (Bild 26), damit das Holz nicht ausreißt.

Der *Lochbeitel* wird zum Ausstemmen von Nuten verwendet (Bild 27). Nutbreite ist *Eisenbreite*. Da der Lochbeitel keine Keilwirkung auf das Werkstück ausübt, so besteht keine Gefahr, daß das Werkstück reißen könnte.

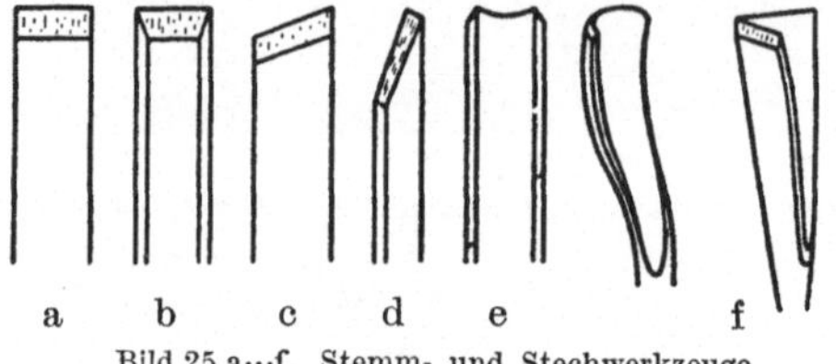

Bild 25 a···f. Stemm- und Stechwerkzeuge

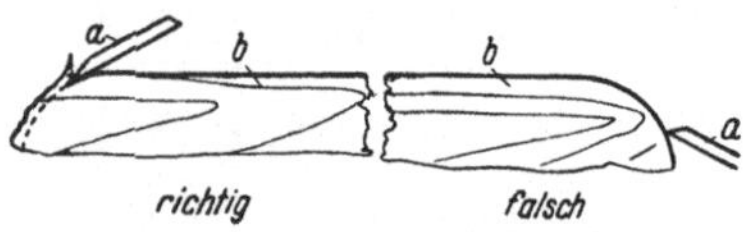

Bild 26. Ansetzen des Stemmeisens

a Werkzeug; *b* Werkstück

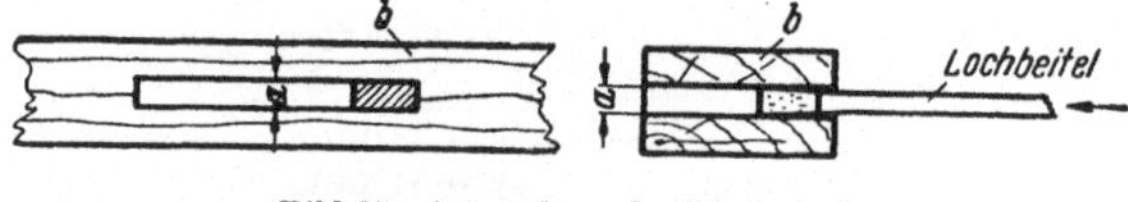

Bild 27. Anwendung des Lochbeitels

a Nutbreite; *b* Werkstück

8. Bohrer und Bohrgeräte. Die Bohrer besitzen keilförmige Schneiden mit einem Keilwinkel von 30···45°. Grundformen der Bohrer (Bild 28) sind:

a) Löffelbohrer,	Bohrlochdurchmesser	2 ···33 mm
b) Schneckenbohrer,	,,	2 ···18 mm (bis zu 90 mm)
c) Zentrumbohrer,	,,	3 ···60 mm
d) Schlangenbohrer,	,,	6 ···30 mm
e) Forstnerbohrer,	,,	8 ···50 mm
f) Spiralbohrer,	,,	0,5···30 mm

g) Bohrer mit Einzugsgewinde und verstellbarem Vorschneider mit Spanheber.

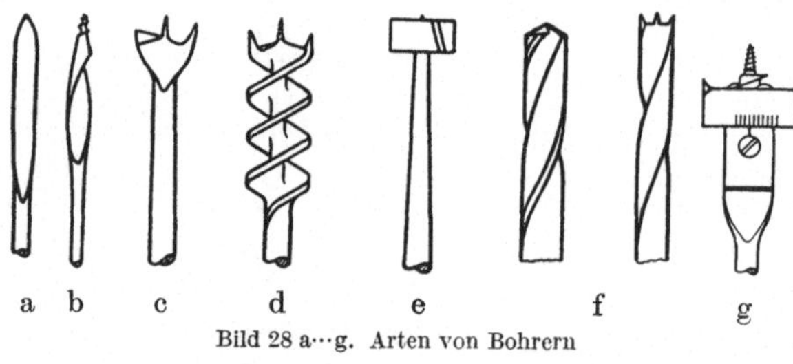

Bild 28 a···g. Arten von Bohrern

Das *Vorbohren* für das Hineindrehen von Holzschrauben in Weich- und Hartholz ist nach Bild 29 „richtig" auszuführen. Dabei ist in Weichholz nur die Halslänge vorzubohren (s. bei *c*). Für Hartholz muß man, wie bei *d* angegeben, Hals- und Kerndurchmesser vorbohren. Ist das Bohrloch zu klein (bei *e*), so kann die Schraube abreißen. Ist es zu groß (bei *f*), so können sich die beiden Holzteile gegeneinander verschieben.

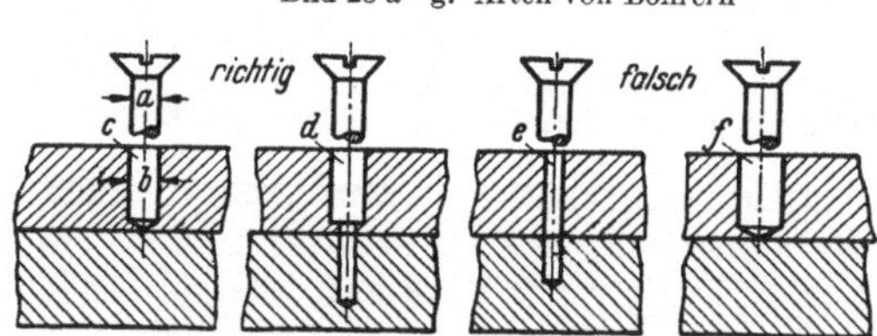

Bild 29. Vorbohren von Schraubenlöchern in Holz

a Halsdurchmesser der Schraube; *b* Bohrlochdurchmesser

Bohrgeräte können sein: a) Bohrwinde, hölzerne und eiserne; b) Drillbohrwinde; c) Hand- und Kraftbohrmaschine. Für die hölzerne Bohrwinde sind besondere Hefte zum Halten der Bohrer notwendig.

9. Anreiß- und Meßwerkzeuge sind:

a) Parallelreißer;
b) Spitzzirkel, Federspitzzirkel;
c) Greifzirkel, Federgreifzirkel;
d) Lochzirkel, Federlochzirkel;
e) Stangenzirkel;
f) Reißnadel, Spitzbohrer;
g) Gliedermaßstab, Bandmaß in Natur- und Schwindmaßteilung;
h) Schublehre;
i) Dreiecke, 30 und 45°;
j) Lineale, Richtleisten;
k) Winkelhaken, Holz- und Metall;
l) Schrägmaß;
m) Streich- und Stellmaß.

Die *Schublehre*, bestehend aus Meßlineal und Schieber mit Noniusteilung, wird angewendet, wie in Bild 30 angegeben ist. In dem eingestellten Beispiel fällt der zweite Teilstrich des Nonius (daher $^2/_{10}$ mm) mit einem sich beliebig ergebenden des Lineals zusammen.

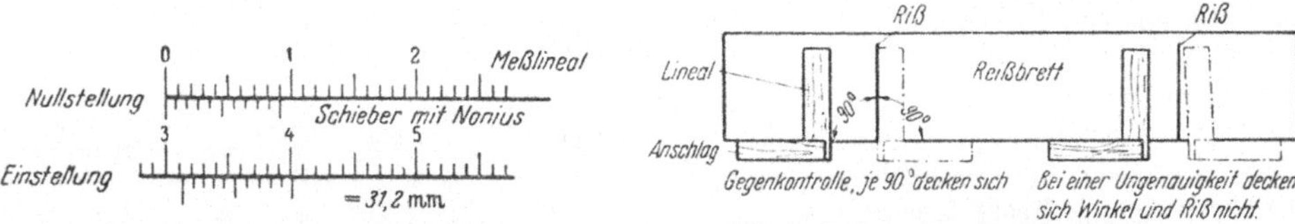

Bild 30. Anwendung der Noniusablesung

Bild 31. Prüfen eines Anschlagwinkels

Der *Holzwinkel* muß seinem Zweck entsprechend genau unter 90° verbunden sein. Man prüft ihn, wie Bild 31 zeigt.

Nachgehobelt wird der Winkel zuerst auf der Außenseite des Lineals mit der Stoßlatte (Abschn. 10), dann wird das Lineal von innen mit einem in die Hobelbank eingespannten Hobeleisen abgezogen (Bild 32). Das eingespannte Hobeleisen wird nach jedem Span ein kleines Stück nachgeschlagen. Jedes andere Abrichten des Winkels ist, weil ungenau, zu unterlassen.

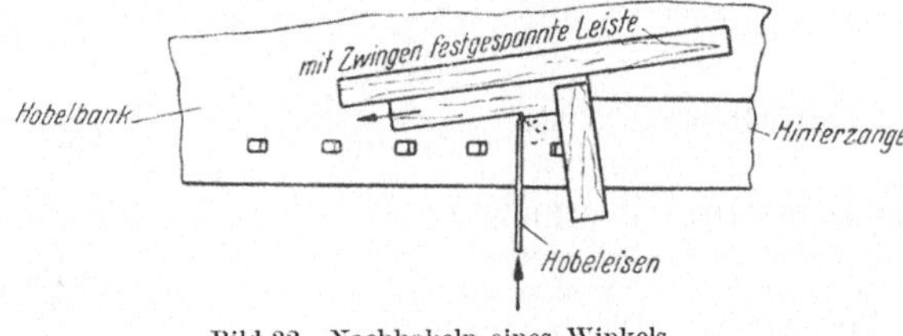

Bild 32. Nachhobeln eines Winkels

Bild 33. Schraubknecht

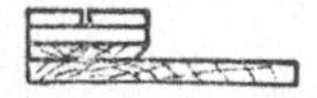

Bild 34. Stoß- und Schneidlatte

10. Festhalten und Einspannen. a) Die Hobelbank. Werkstoff: Rotbuche, große Bänke zum Teil aus weichem Holz. Bestandteile: Gestell, Platte, Vorder- und Hinterzange, Beilade, Schublade und Bankhaken; b) Schraubzwingen, hölzerne und eiserne, Gehrungs- und Kantenzwingen; c) Schraubknecht (Bild 33) zum Fugenleimen und zum Zwingen; d) Bankknecht zum Stützen; e) Parallelschraubstock; f) Feilkloben; g) Stoß- und Schneidlatte (Bild 34).

11. Anstrich. Durch den Anstrich wird die Lebensdauer einer Modellarbeit erhöht.

a) Arbeitsweise. *Erster Anstrich*: Das Grundieren hat mit dünnem Lack zu erfolgen, um so das Aufstehen der einzelnen Fasern zu bewirken. Ist dieser getrocknet, so wird mit Glaspapier abgeschliffen (Hirnholz besonders gut abschleifen). Danach werden fehlerhafte Stellen ausgekittet und Hohlkehlen gezogen.

Zweiter Anstrich: Dieser wird mit etwas dickerem Lack vorgenommen, gut trocknen lassen und abschleifen, wo es notwendig ist.

Dritter Anstrich: Ebenfalls mit dickerem Lack, gibt als letzter Anstrich die notwendige Glätte. Arbeiten, welche nur ein- oder zweimal gestrichen werden, müssen mit entsprechender Sorgfalt lackiert werden.

b) Zweck des Anstrichs. 1. *Glatte Flächen*, um das Modell leicht aus dem Sand zu bekommen. Rauhe Flächen reißen den Sand auf, der Former muß viel ausbessern.

2. *Schutz gegen Feuchtigkeit und Trockenheit.* Die harte Lackschicht schützt das Holz gegen Feuchtigkeit und Temperaturschwankungen. Wenn z. B. ein Modell längere Zeit im feuchten Formsand liegt, würde es, wenn es schlecht oder gar nicht gestrichen wäre, aufquellen, reißen oder gar „aus dem Leim gehen". Ein richtig lackiertes Modell behält auch die Maße besser, Kerne passen daher beim Einlegen in die Form.

c) Die Farbe als Kennzeichen für Gußwerkstoff und Modellart. Aus Tab. 4 ist der Normanstrich zu ersehen. Dieser bezweckt:

1. Die Farbe zeigt an, mit welchem Metall die Form des Modells auszugießen ist (Schwindmaß, Verzug, Temperatur).
2. Bearbeitungsflächen sind ersichtlich. Genau zu bearbeitende Flächen (Paßflächen) müssen möglichst nach unten eingeformt werden.
3. Irrtümer sind fast ausgeschlossen, z. B.: Blauer Anstrich wird Stahlguß, Verwechslung mit Graugußmodellen (rot) ist nicht möglich.
4. Gleichheit, wo immer das Modell angefertigt wird.

Tabelle 4. *Farbe und Anstrich**

Der Anstrich der Außenflächen von Modellen und der Innenflächen von Kernkästen erfolgt in Kennfarben des zu vergießenden Metalles. Muttermodelle zum einmaligen Gebrauch zur Anfertigung von Metallmodellen und ebenso auch Schablonen sind mit farblosem Lack zu streichen, die Ziehkanten jedoch in der betreffenden Gußgrundfarbe.

Anwendung	Stahlguß	Grauguß	Temperguß	Schwer-Metallguß[1]	Leicht-Metallguß[2]
Unbearbeitet bleibende Flächen des Gußteiles am Modell und im Kernkasten[3], Ziekanten	Grundfarbe blau	Grundfarbe rot	Grundfarbe grau	Grundfarbe gelb	Grundfarbe grün
Zu bearbeitende Flächen	gelbe Striche[4]	gelbe Striche[4]	gelbe Striche[4]	rote Striche[4]	gelbe Striche[4]
Sitzstellen loser Modellteile (Ansteckteile) am Modell oder im Kernkasten sowie für zugehörige Schrauben	schwarz umrandet				
Stellen für Abschreckplatten und Marken für einzulegende Dorne mit Angabe des Halbmessers	rot	blau	rot	blau	blau
Kernmarken	schwarz				
Auszuführende Hohlkehlen	Werden in Sonderfällen die Hohlkehlen nicht angebracht, so sind sie schwarz gestrichelt anzudeuten unter Angabe des Halbmessers				
Verlorene Köpfe oder Aufgüsse, verstärkte Bearbeitungszugaben und Probestäbe mit Beschriftung „P“	schwarze Streifen und entsprechende Beschriftung				
Dämmleisten oder Versteifungen und abzudämmende Teile am Modell	Grundfarbe des Modells oder ungestrichen, jedoch mit schwarzen Strichen				
Lage des Kerns auf der Teilfläche der Modelle	schwarz oder schwarz markiert				

[1] Gußstücke aus Kupfer-, Nickel-, Blei- und Zinklegierungen.

[2] Gußstücke aus Aluminium nach DIN 1712, dessen Legierungen nach DIN 1725 Bl. 2 und Magnesium-Legierungen nach DIN 1729 Bl. 2.

[3] Unbearbeitet bleibende Flächen, die besonders sauber ausfallen sollen, sind am Modell durch das Zeichen ~ zu kennzeichnen. — Farbtöne siehe DIN 5381 (RAL-Nummern).

[4] Bei kleineren und mittleren Flächen statt der Striche ganzflächig streichen.

* Diese Tabelle ist mit Genehmigung des Deutschen Normenausschusses dem Normblatt DIN 1511 „Gießereimodelle und Zubehör“ entnommen. Maßgebend ist die neueste Ausgabe dieses Normblattes, die von Beuth-Vertrieb, Berlin 15, Uhlandstr. 175, oder Köln, Friesenplatz 16, zu beziehen ist. — Das Normblatt enthält die Abschnitte: 1. Allgemeines und Begriffe, 2. Werkstoffe, 3. Hilfsmittel, 4. Richtlinien für die Ausführung, 5. Güteklassen, 6. Anstrich, 7. Beschriftung. Vgl. auch die Angaben über Werkstoffe, Schwindmaße, Anstrich und Beschriftung in der Österreichischen Norm BH 9001: Gießereiwesen, Holzmodelle.

Beschriftung. Die Einheitsbeschriftung in fetter Mittelschrift mit schwarzem Lack nach DIN 1451 gibt alles an, z. B.:

Mod.-Nr. 2135	Nummer des Modelles.
5 K	Anzahl der Kernkästen.
3 A	Anzahl der abnehmbaren Teile.
1 S	Anzahl der Schablonen.
50 at	Das Hohlgußstück wird nach der Bearbeitung mit 50 kp/cm² abgepreßt.

12. Modellzubehör. Zur Fertigstellung von Modellen und Kernkästen sind folgende Hilfsmittel erforderlich:

1. *Modelldübel* für Teilungen (Bilder 35 u. 36) DIN 1525.
2. *Wellblechnägel* (Bild 37) zum Zusammenhalten geteilter Werkstücke.
3. *Klammern* (Bild 38) zum Zusammenhalten großer geteilter Werkstücke.
4. *Lederhohlkehlen* (Bild 39) werden je nach erforderlichem Halbmesser eingeleimt. Modelle mit Lederhohlkehlen werden nur auf Bestellung ausgeführt, sonst sind Hohlkehlen in Holz auszuarbeiten bzw. mit Kitt zu ziehen.

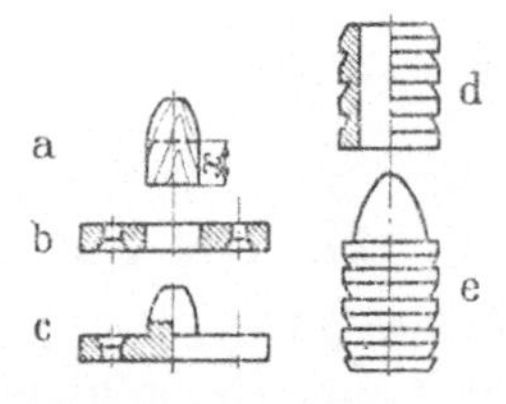

Bild 35 a···e. Modelldübel

a) Selbstgefertigter Holzdübel (x Einschlagtiefe); b, c) Scheibendübel (Messing und Stahl); d, e) Einschlagdübel; d) Dübelhülse (Messing); e) Dübelzapfen (Stahl)

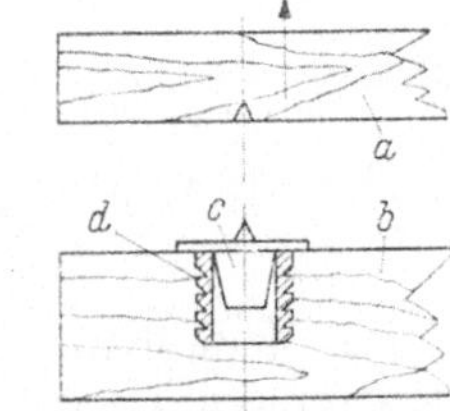

Bild 36. Modelldübel

a die zu kopierende Modellhälfte; *b* Modellhälfte mit *c* Mittelpunktanzeiger und *d* Dübelhülse

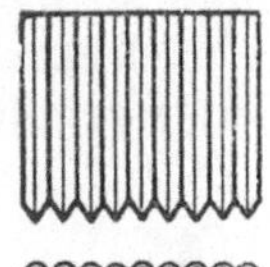

Bild 37. Wellblechnagel

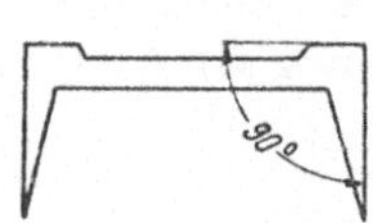

Bild 38. Klammer

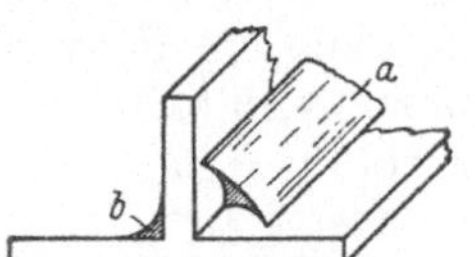

Bild 39. Lederhohlkehle

a lose; *b* befestigt

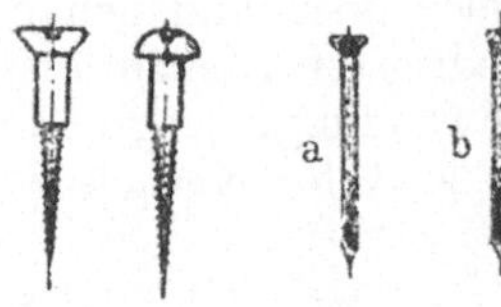

Bild 40. Flach- und Halbrundkopfschrauben. Nägel

a) Drahtstift; b) Wagnerstift

5. *Schrauben* und *Nägel* (Bild 40). Flach- und Halbrundkopfschrauben:

Größenbezeichnung 40/50 bedeutet:
Dicke $= {}^{40}/_{10}$ mm $= 4$ mm,
Länge $= 50$ mm.
Draht- und Wagnerstifte:
Größenbezeichnung 16/30 bedeutet:
Dicke $= {}^{16}/_{10}$ mm $= 1{,}6$ mm, Länge $= 30$ mm.

6. *Kernkastenverschluß*, der das Auseinanderstampfen von Kernkästen in der Kernmacherei verhindert (Bild 41), (DIN 1527).

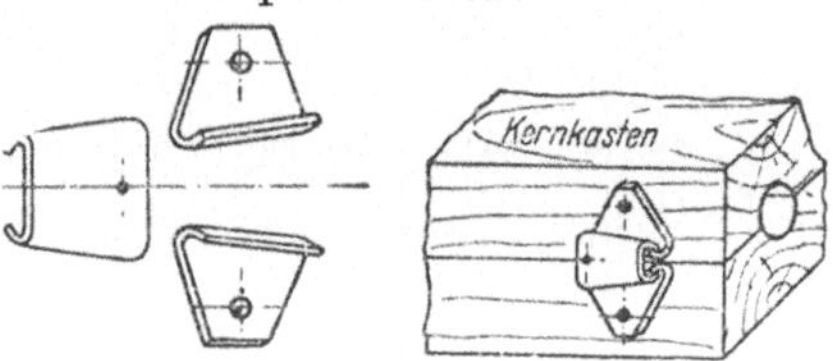

Bild 41. Kernkastenverschluß

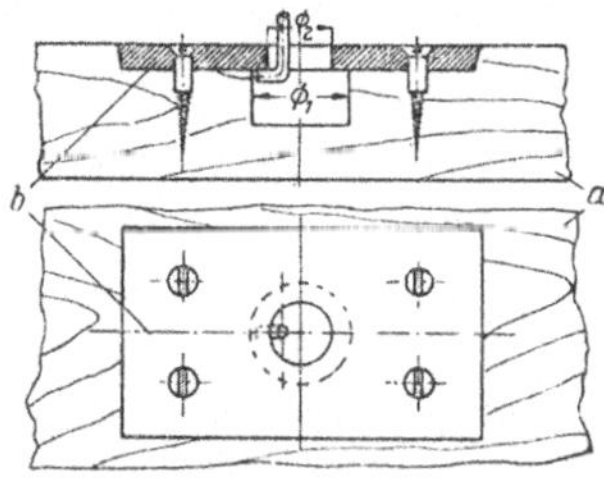

Bild 42. Losschlageisen *b* am Modell *a*

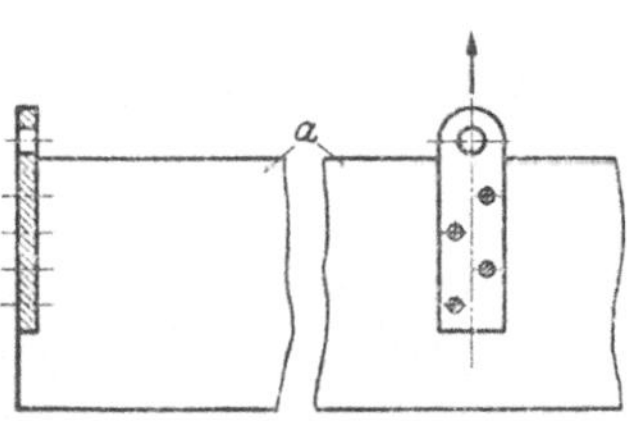

Bild 43. Aushebeeisen. *a* Modell

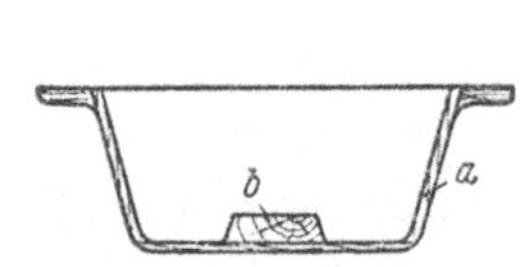

Bild 44. Holzbacke *b* am Modell *a*

7. *Losschlageisen*, mit welchem das Modell in der Form gelockert und herausgezogen wird. Die Ausführungsform (Bild 42) kommt für mittlere Modelle zur Verwendung. $\varnothing_1$ ist größer vorzubohren als $\varnothing_2$, damit eine Hinterdrehung zum Herausziehen des eingeformten Modelles entsteht.

8. *Aushebeeisen* (Bild 43) dienen zum Herausziehen großer Modelle aus der Form. Schwere Modelle werden mit Hilfe des Kranes aus der Form gezogen.

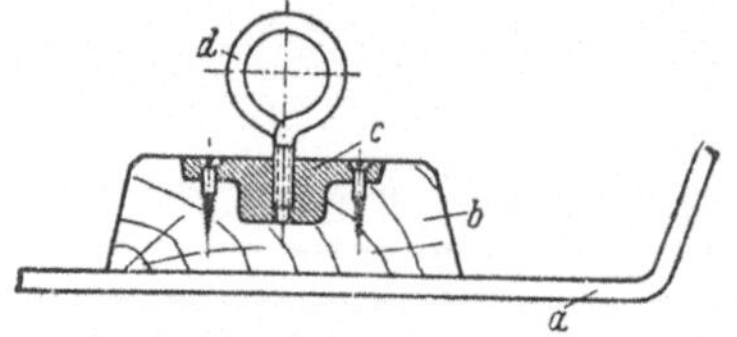

Bild 45. Holzbacke *b* mit Aushebeeisen *c* und Ringschraube *d* am Modell *a*

Dünnwandige Modelle sind durch Hartholzbacken (Bild 44) zu verstärken (zur Schonung des Modelles). In diese Holzbacke wird ein Eisendorn getrieben; weiter kann durch Prellschläge das Modell in der Form gelockert und dann herausgezogen werden. *Holzbacken* können auch zur Aufnahme von *Losschlageisen* dienen (Bild 45), müssen aber, da sie abgedämmt werden, mit schwarzen Strichen (s. Tab. 4) gezeichnet sein.

II. Die Formerei

Im Modellbau sind die Arbeitsstücke so anzufertigen, daß man sie in der Gießerei praktisch formen kann. Deshalb sei hier kurz auf das Grundsätzliche der Formerei eingegangen. An Formen unterscheidet man: Offene und bedeckte Herdformen, Kastenformen, Dauerformen oder Kokillen.

13. Offene Herdform (hergestellt mittels Formsand, *ohne Oberkasten*, im Herd (Gießereiboden) geformt (Bild 46). Eine solche Form ist von oben gesehen offen. Die Bodenfläche wird nach der Wasserwaage geebnet, denn der Rand muß überall gleich hoch und genau waagerecht sein, sonst würde das flüssige Metall an den niedrigsten Stellen austreten, ohne die Form an den höchsten Stellen zu decken. Anwendung: für grobe Abgüsse, wenn keine besonders glatte Oberfläche notwendig ist, z. B. für Kerneisen, Gewichte u. a. m.

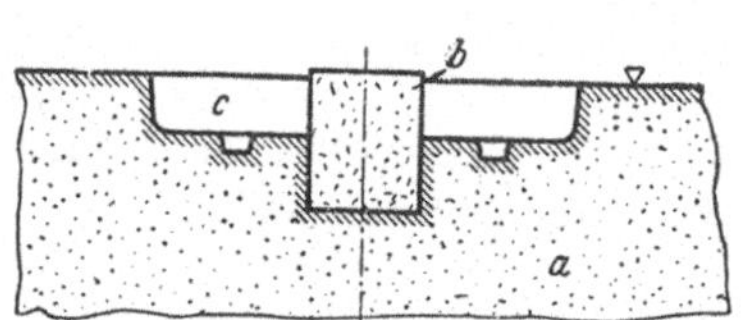

Bild 46. Offene Herdform für eine Drehscheibe

a Herd- oder Gießereiboden; *b* Kern; *c* Hohlraum

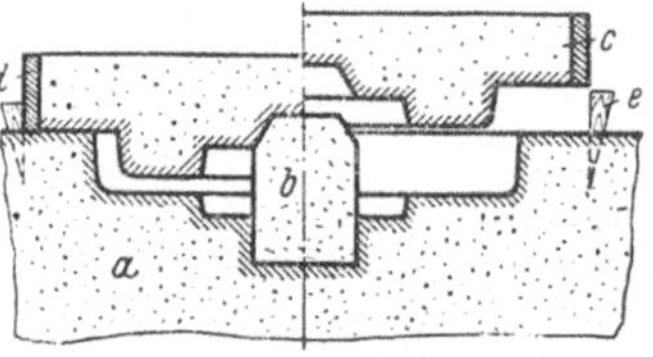

Bild 47. Bedeckte Herdform für eine Haube

a Herd; *b* Kern; *c* Oberkasten abgehoben; *d* Oberkasten zugelegt; *e* Führungspflock

14. Bedeckte Herdform, mit *Oberkasten*, ebenfalls im Herd geformt (Bild 47).

Die *Teilung* der Formen (z. B. Oberkasten vom Unterkasten) wird bei Grauguß durch Streu- oder Trennsand (feiner trockener Quarzsand) bewirkt, bei Metallguß durch Lykopodium (Bärlappsamen).

Merke: Modellteile, welche im Oberkasten zu liegen kommen, sollen abnehmbar sein, damit der Formsand beim Abheben des Oberkastens nicht ausgerissen wird.

Sandhaken, Kerneisen, Einguß und Steiger sind vom Former besonders zu behandeln, sie werden hier, weil für den Modellbau weniger wichtig, nicht weiter besprochen.

15. Kastenformen werden in Formkästen geformt und können zwei- oder mehrteilig sein. Je nach der Art der Arbeit unterscheidet man:

a) Allgemeine Formen, hergestellt mit Modellen für den Grau-, Stahl- und Metallguß;

b) Schablonenarbeiten mit Hilfe von Schablonen und Modellteilen;

c) Formmaschinenarbeiten mittels Modell, Form- und Wendeplatten.

Bild 48 zeigt die *zweiteilige* Kastenform einer Büchse, Bild 49 diejenige eines Lagers. In diesem Fall liegt das Modell nicht in einer Teilungsebene, daher muß der Former selbst die Teilung schneiden (s. auch Abschn. 44).

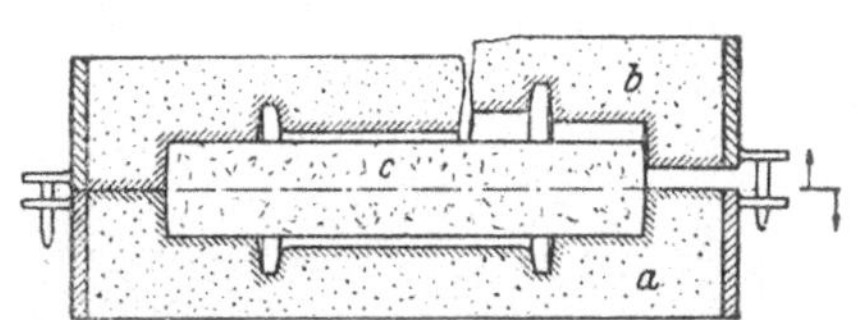

Bild 48. Zweiteilige Kastenform einer Büchse

a Unterkasten, Unterteil oder Lappenteil; *b* Oberkasten, Oberteil oder Stiftenteil; *c* Kern

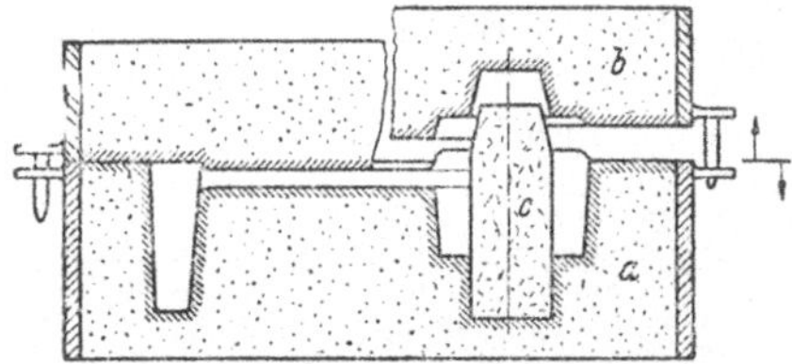

Bild 49. Zweiteilige Kastenform eines Lagers

a Unterkasten; *b* Oberkasten; *c* Kern

Abschrägungen und Kegel zur Erleichterung des Aushebens sind bei der Modellanfertigung zu berücksichtigen, und zwar für *alle Flächen in der Ausheberichtung!* (s. Abschn. 18). (Über Kerne s. Abschn. 31).

Beispiel zum Herrichten eines Modelles für eine dreiteilige Form (Bilder 50···52). Die Pfeile geben die Teilung des Modelles an. Die zu bearbeitende Fläche kommt in den Unterkasten, weil im Oberkasten der Guß, d. h. das Gefüge, schlechter ausfällt.

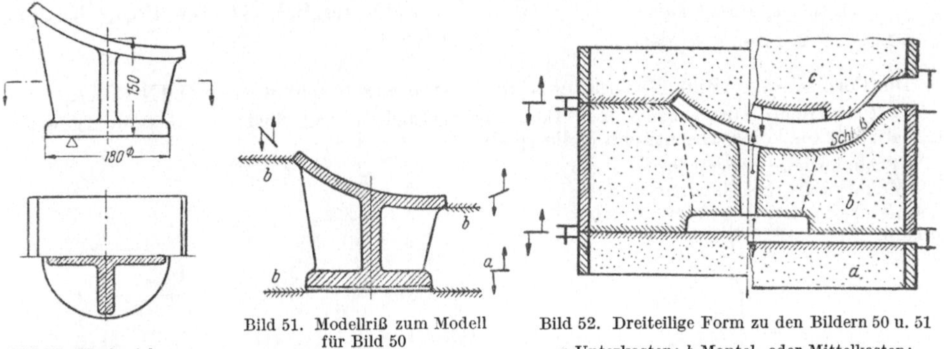

Bild 50. Werkzeichnung für einen Kesselfuß

Bild 51. Modellriß zum Modell für Bild 50

a Modellteilung; *b* Formteilung

Bild 52. Dreiteilige Form zu den Bildern 50 u. 51

a Unterkasten; *b* Mantel- oder Mittelkasten; *c* Oberkasten

Merke: Paßflächen (Bearbeitungsflächen) für den Unterkasten vorrichten! Sind am Modell oben und unten Paßflächen, so muß im Oberkasten entsprechend *mehr* Bearbeitung zugegeben bzw. ein Aufguß gestellt werden.

16. Dauerformen oder Kokillen sind beständige Formen (meist aus Grauguß) für Massenguß oder auch für Abgüsse, die eine harte Oberfläche haben sollen. Bei Abgüssen, die an gewissen Stellen mit einer harten Oberfläche (Gußhaut) versehen sein müssen, z. B. Radkränze von Waggonrädern, wird eine entsprechend geformte Kokille, auch Schale oder Schreckplatte genannt, der Form beigelegt, wodurch eine rasche Abkühlung an dieser Stelle stattfindet und die Gußhaut entsprechend hart wird. Ferner kann man durch diese rasche Abkühlung ein Nachsaugen (Lunkerbildung) verhindern.

17. Formen mit Sandballen. Modelle, die eigentlich eine drei- oder mehrteilige Form verlangen, kann man oft mittels eines Sandballens einfacher einformen (Bilder 53···55). Bild 55 zeigt die *zweiteilige Form mit Oberkastensandballen.* Ohne diesen müßte dreiteilig geformt werden. Sandballen und Flansch werden nach oben aus der Form gezogen. Der Sandballen wird, wenn der Flansch entfernt ist, wieder in die Form zurückgelegt.

18. Formschräge. Ist die Formschräge bei der Konstruktion nicht berücksichtigt worden, dann wird sie in der Modellwerkstätte selbst bestimmt. Ist nämlich keine oder zu wenig Formschräge zugegeben, dann muß das Modell beim Formen so stark losgeschlagen werden, daß die Maßhaltigkeit des Gußstückes und die Lebensdauer des Modelles stark beeinträchtigt werden. Weiter kann beim Abheben des Oberkastens, wobei ein Losschlagen des Modelles nicht möglich ist, die Form beschädigt werden.

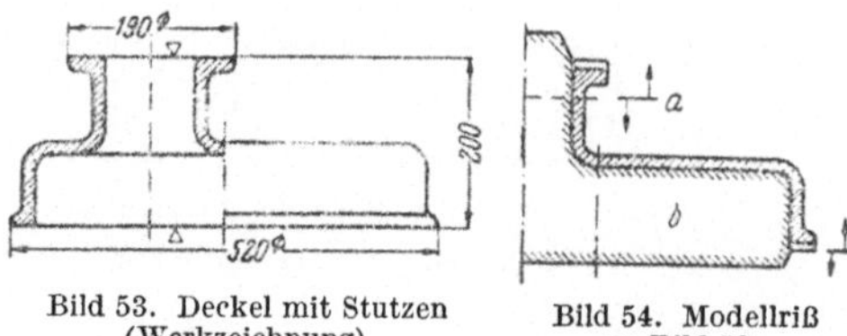

Bild 53. Deckel mit Stutzen (Werkzeichnung)

Bild 54. Modellriß zu Bild 53

a Modellteilung; *b* Kern

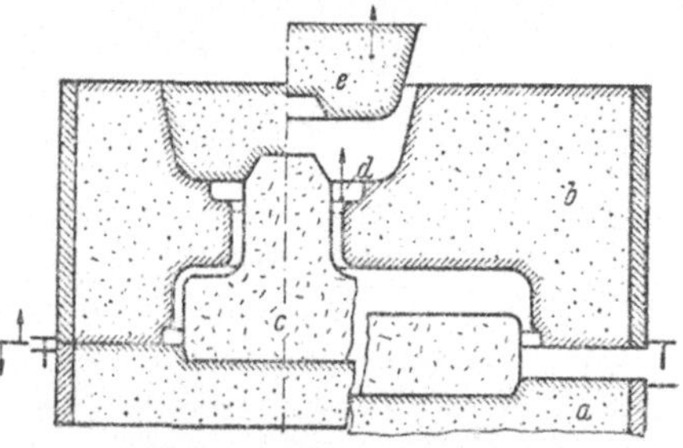

Bild 55. Zweiteilige Form mit Oberkastensandballen zu den Bildern 53 u. 54

a Unterkasten; *b* Oberkasten; *c* Kern; *d* Flansch; *e* Sandballen

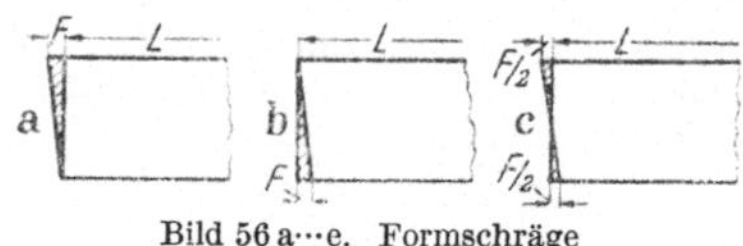

Bild 56 a…e. Formschräge

L Länge des Modelles; *F* Formschräge

Die Formschräge (Bild 56) kann nach drei Arten angebracht werden (DIN 1511):

a) Zusätzliche Formschräge bei Bearbeitungsflächen und dort, wo das Mehrgewicht des Gußstückes keine wesentliche Rolle spielt.

b) Abzügliche Formschräge, wo das Modellmaß, das Gewicht und die Wandstärke nicht größer werden dürfen.

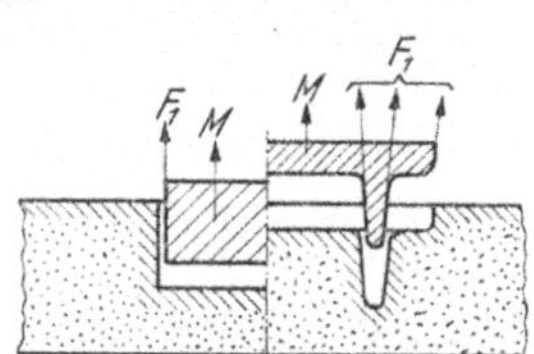

Bild 57. Das Modell wird ausgehoben

M Modell; F_1 Formschräge

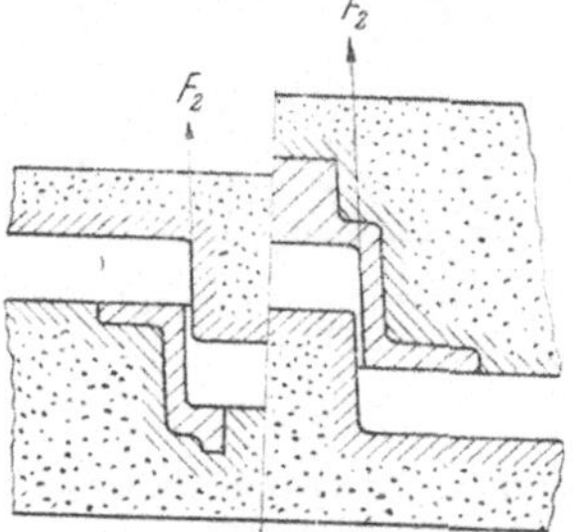

Bild 58. Der Formkasten wird vom oder mit dem Modell abgehoben

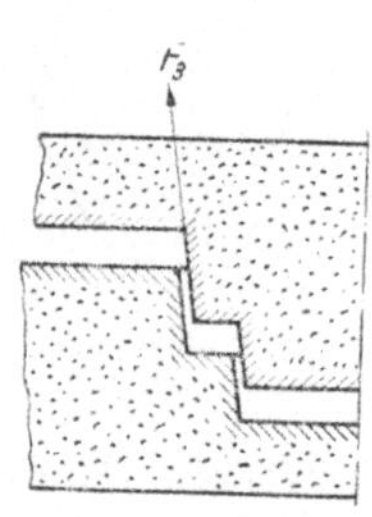

Bild 59. Der Formkasten wird von der ausschablonierten Aufstampfform abgehoben

c) Verteilte Formschräge, wo genaue Maßhaltigkeit verlangt wird.

Die Formschräge ist weiter noch in drei Gruppen zu unterteilen:

F1 = Formschräge 1:20 bei 10 mm bis 1:200 bei 1000 mm Auszugshöhe, wenn das Modell ausgehoben wird (Bild 57 und Tab. 5).

F2 = Formschräge 1:15 bis 1:100, wenn der Formkasten vom oder mit dem Modell abgehoben wird (Bild 58).

F3 = Formschräge 1:5 bis 1:15, wenn Sand vom Sand (z. B. bei Schablonenformen) abgehoben wird (Bild 59).

Berechnungsbeispiel: Auszugshöhe = 180 mm, Formschräge 1:120, abzügliche Formschräge = ? $1:120 = x : 180$

$$1 \cdot 180 = 120 \cdot x$$

$$x = \frac{1 \cdot 180}{120} = 1{,}5 \text{ mm Formschräge.}$$

Tabelle 5. *Formschräge für innere und äußere Flächen an Modellen* (nach DIN 1511)

Höhe über bis mm	— 10	10 35	35 80	80 150	150 250	250 400	400 600	600 800	800 1000
Schräge mm	0,5	0,8	1,0	1,2	1,5	2,5	3,5	4,5	5,5

III. Modelle und Kernkästen

A. Grundlagen der Modellherstellung

19. Holzverbindungen. Im Modellbau muß man die Kenntnisse der Holzverbindungen besitzen, d. h. man muß imstande sein, zwei oder mehrere Holzteile durch eine Holzverbindung fest aneinander zu bringen. Die gebräuchlichsten Holzverbindungen sind:

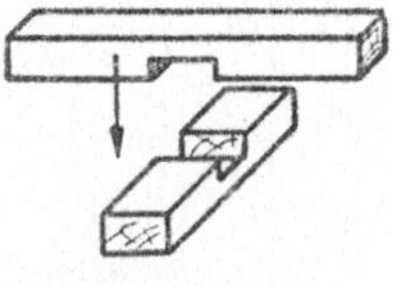

a) Überklappen (Bild 60). Innerhalb der Holzteile wird je eine Hälfte der Holzstärke herausgenommen.

Bild 60. Überklappen zweier Hölzer

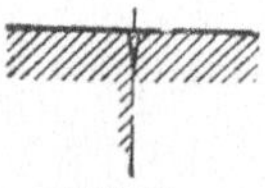

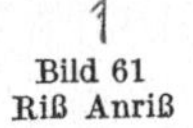

Bild 61 Riß Anriß

Merke: Alle Holzverbindungen müssen vom Schnitt weg passen, also kein Nacharbeiten! [Bis zum halben Riß (Bild 61) wegnehmen.]

b) Überplatten (Bild 62). An den Enden der Holzteile wird je eine Hälfte der Holzstärke weggenommen.

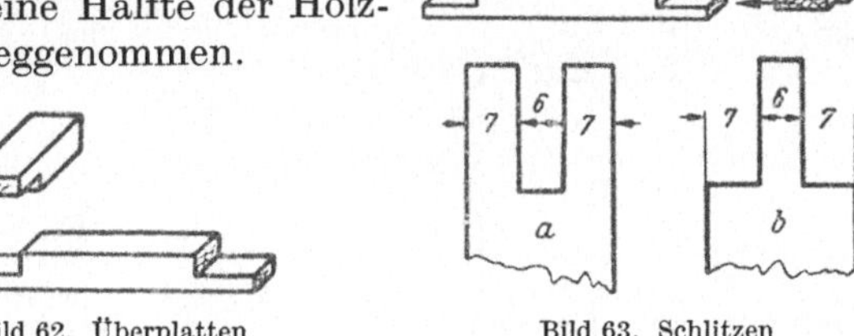

Bild 64 Aufgebogenes Schlitzstück

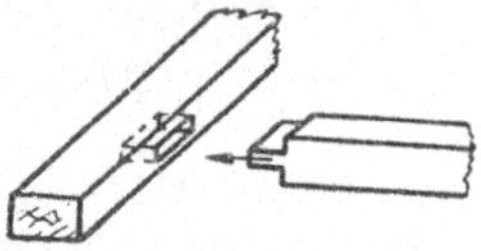

Bild 62. Überplatten

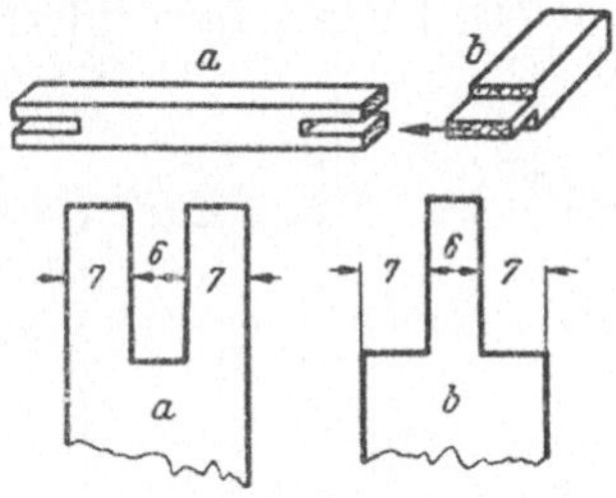

Bild 63. Schlitzen
a Schlitzstück; *b* Zapfenstück

Bild 65. Einzapfen

c) Schlitzen (Bild 63). Beim Schlitzen ist darauf zu achten, daß die Dreiteilung der Holzstärke so erfolgt, wie die Abbildung in Maßen zeigt: also die Seitenteile des Schlitzstückes stärker machen als deren Mittelstück. Bei schlechter Dreiteilung biegen sich bei der Verbindung die Seitenteile auf (Bild 64).

d) Einzapfen (Bild 65).

e) Durchzapfen (Bild 66). Der Zapfen wird von außen verkeilt. Holzverbindungen nach a) bis e) können mit beliebigem Winkel erfolgen, wie in Bild 67 angedeutet ist.

f) Nut und Feder (Bild 68).

g) Falzen (Bild 69).

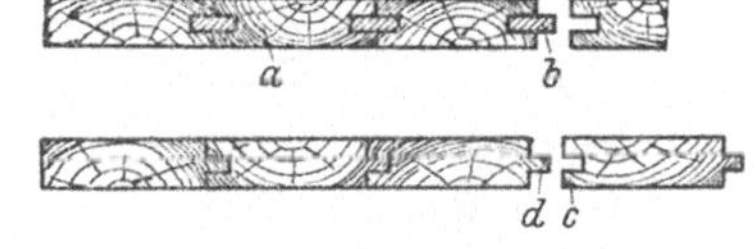

Bild 68. Nut und Feder
a Nutenstücke; *b* Feder (kurzes Holz, d.h. Fasern in der kurzen Richtung, oder Sperrholzleisten); *c* Nutseite; *d* Federseite

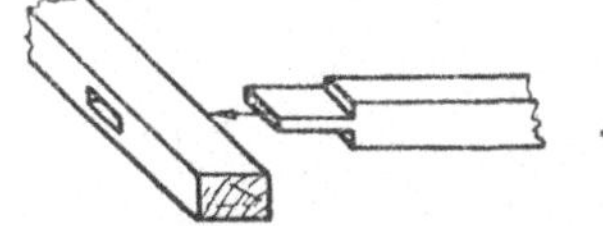

Bild 66. Durchzapfen

Bild 67. Winkel von Holzverbindungen

Bild 69. Falzen

h) Gratverbindungen (Bild 70). Hier ist zu beachten, daß die Einschubleisten nur am Ende etwas angeleimt werden, damit die versteifte Platte nach der Verbindung nachtrocknen kann ohne sich zu werfen (vgl. Abschn. 4).

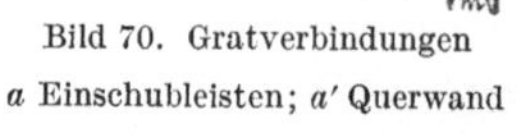

Bild 70. Gratverbindungen
a Einschubleisten; *a'* Querwand

i) Zinken: 1. *Offene* Zinken, als gebräuchlichste Verbindung (Bilder 71 u. 72). Das *Anreißen* der Zinken erfolgt durch kurzes Ansägen mit der Handsäge an Teil I. Teil II wird nach dem bereits fertiggestellten Teil I angerissen.

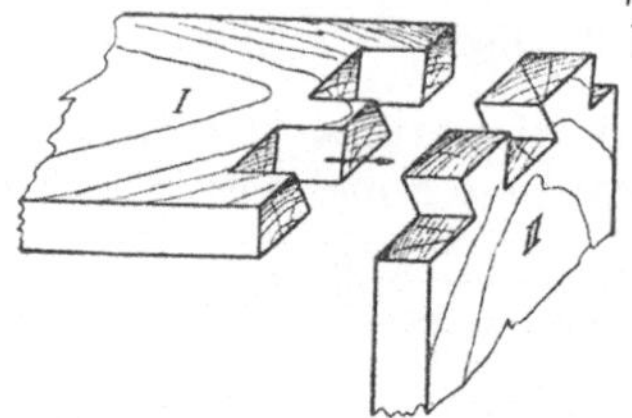

Bild 71. Offene Zinken

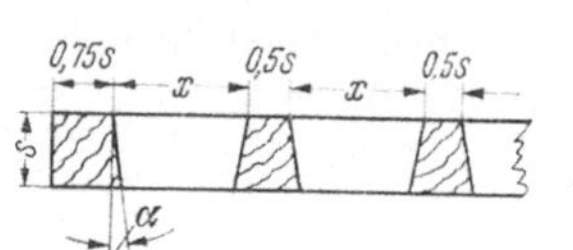

Bild 72. Bestimmung der Schräge
s Holzdicke; $x = 1{,}5s \cdots 2s$ je nach Holzbreite; $\alpha = 9°$ (3 : 20)

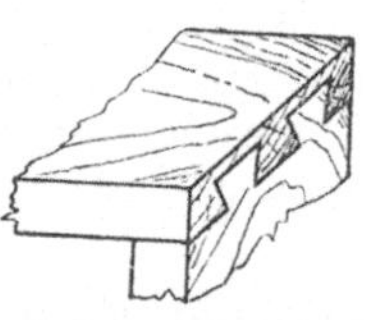

Bild 73. Einseitig verdeckte Zinken

Bild 74 Gehrungszinken

2. *Verdeckte* Zinken (Bild 73), einseitig verdeckt, kommen im Modellbau nur ausnahmsweise in Betracht, z. B. dort, wo unbedingt eine glatte Fläche verlangt wird oder bei wesentlich ungleichen Holzstärken.

3. *Gehrungszinken* (Bild 74), beiderseits verdeckt, werden im Modellbau nicht angewendet.

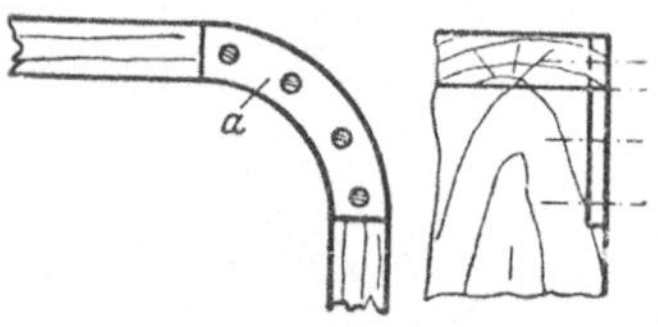

Bild 75. Abrunden schwachwandiger Modelle
a Stahlsegment

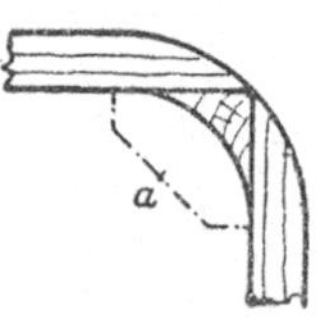

Bild 76. Hohlkehle mit eingeleimtem Winkelholz *a*

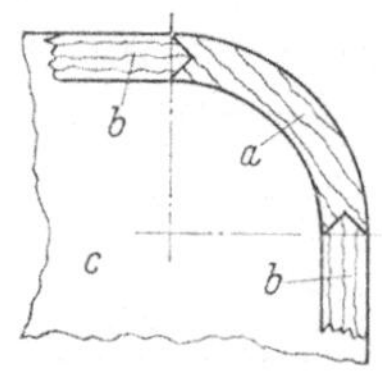

Bild 77. Abrundungen für niedere Formen
a Segment aus gedrehtem Ring; *b* unter 90° eingepaßte Rippen; *c* Boden

k) Abrundungen. Schwachwandige Modelle werden beim Abrunden durch ein Eisensegment verstärkt (Bild 75). Bei stärkerer Wandung wird ein Holzklotz eingeleimt und die Hohlkehle nach dem Leimen ausgehobelt (Bild 76) oder ein Segment eingesetzt (Bild 77). Um Abrundungen genau ausführen zu können, sind jeweils Schablonen (Bild 78) anzufertigen. Bei Rundkörpern genügt die Aus-

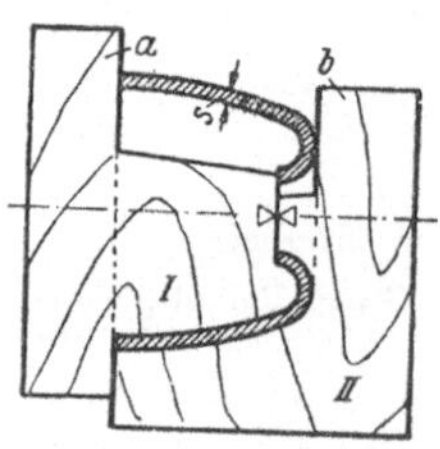

Bild 78. Arbeitsschablonen für Abrundungen
I u. *II* zusammengehörende Schablonen; *a* u. *b* Auflagen; *s* Wandstärke

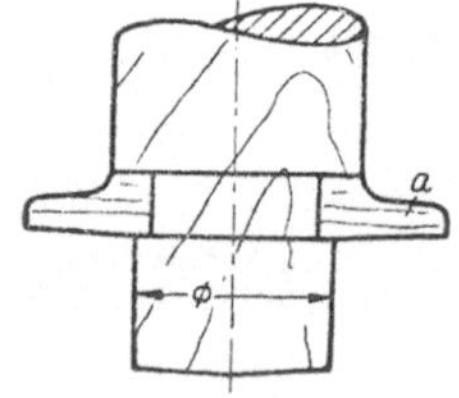

Bild 79. Modellkörper mit eingelassenem, zweiteiligem Flansch *a*

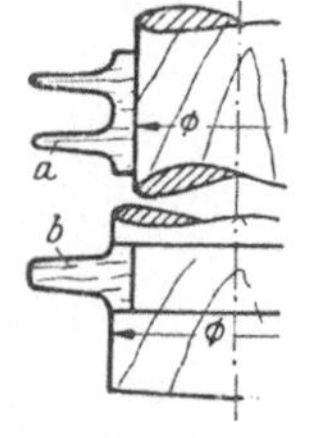

Bild 80. Modellkörper mit aufgesetztem Rippenring *a* bzw. eingelassenem, zweiteiligem Rippenring *b*

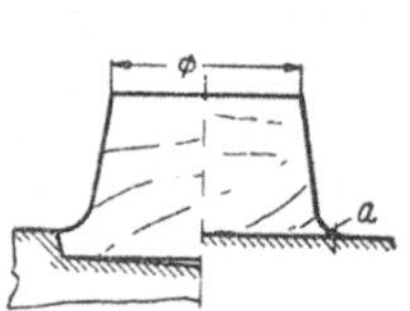

Bild 81. Eingesetzte bzw. aufgesetzte Nabe
a Abstich

führung einer Hälfte, dabei ist jedoch zu beachten, daß die nicht auszuführende Hälfte zwecks Auflage (Bild 78 bei *a* und *b*) entsprechend verlängert wird. Bei der Arbeit muß die Achse der Schablone mit der Achse des Werkstückes zusammenfallen.

l) Hohlkehlen werden an eingelassenen Flanschen, Rippen und Naben angedreht (Bilder 79···81). Dort, wo ein Eindrehen nicht möglich ist (Bild 81 bei *a*), wird die Hohlkehle abgestochen (wegen Ausbrechens).

20. Schwindmaße der wichtigsten Metalle (Tab. 6). Modelle, Kernkästen und Ziehbretter (Schablonen) sind unter Berücksichtigung des Schwindmaßes des zu vergießenden Metalles auszuführen. Es ist zu beachten, daß in nassen Formen hergestellte Gußstücke geringere Schwindung zeigen als solche in trockenen Formen. Einige Angaben über „Kurzbezeichnungen für Gußwerkstoffe enthält Tab. 7.

Tabelle 6. *Schwindmaße* (nach DIN 1511, s. Fußnote *, S. 10)

Stahlgruß	2 %	Kupfer und Zinn	1 %
Grauguß (Gußeisen)	1 %	Zink-Gußlegierungen	1,5 %
Temperguß, weiß	1,6%	Blei	1 %
Temperguß, schwarz	0,5%	Aluminium- und Magnesium-Legierungen	1,25%
Gußbronze, Rotguß und Gußmessing	1,5%		

Die gebräuchlichen Schwindmaßstäbe sind im Handel zu haben. Sind jedoch besondere Schwindmaße zu verwenden, dann ist das Modellmaß auszurechnen und mit dem gewöhnlichen Maßstab abzumessen. *Beispiel*:

Zeichnungsmaß = 650 mm, Schwindung = 1,4%;
wie groß ist das Modellmaß?
Modellmaß = Zeichnungsmaß + Schwindung,
Schwindung = 650 · 1,4/100 = 9,1 mm, also
Modellmaß = 659,1 mm.

Für Abgüsse von ungewöhnlicher Form und erheblich verschiedenen Querschnitten sowie für sonstige Metallegierungen ist das anzuwendende Schwindmaß fallweise zwischen Besteller und Hersteller des Modelles zu vereinbaren.

Tabelle 7. *Kurzbezeichnungen für Gußwerkstoffe*

In der Stückliste einer Werkzeichnung findet man für alle darin aufgeführten Teile die Werkstoffe mit Kurzbezeichnungen angegeben, so auch die Gußwerkstoffe derjenigen Teile, für die die Anfertigung von Gußmodellen in Frage kommt. Als Beispiele seien hier genannt:

GS-52 = Stahlguß nach DIN 1681 mit Mindestfestigkeit[1] von 52 kp/mm² (Österr. Norm M 3181: Stg 52)
GG-18 = Normaler Grauguß nach DIN 1691 mit Mindestfestigkeiten von 22 kp/mm² bei Wandstärken von 4···8 mm bis herunter auf 15 kp/mm² bei Wandstärken über 30···50 mm (Österr. Norm M 3191: Ge 18).
GTW-35 = Handelsüblicher Temperguß mit 35 kp/mm² Mindestfestigkeit nach DIN 1692 (alte Bezeichnung TeG 92).
GGG-50 = Kugelgraphitguß mit 50 kp/mm² Mindestfestigkeit nach DIN 1693.
GMs-64 = Gußmesssing mit 64% Kupfer, bis 3% Blei, Rest Zink nach DIN 1709.
G-AlSi12 = Aluminium-Sandguß-Legierung mit 11···13,5% Silizium nach DIN 1725 Bl. 2.
G-MgAl9 = Magnesium-Sandguß-Legierung mit etwa 8% Al, 0,1···0,8% Zink, bis 0,5% Mangan nach DIN 1729, Bl. 2.

Bronzen sind Legierungen mit wenigstens 60% Kupfer. Sie werden nach Hauptzusätzen benannt, also z. B. Zinnbronze (SnBz), Aluminiumbronze (AlBz), Zinn-Bleibronze (SnPbBz). Sind neben einem Hauptzusatz noch mehrere andere Bestandteile zulegiert, so spricht man z. B. von Mehrstoff-Aluminiumbronze (MAlBz).

[1] Nach dem internationalen Einheitensystem werden *Kräfte* in p (Pond) und kp (Kilopond) gemessen. Die Größe dieser Einheiten stimmt praktisch mit Gramm und Kilogramm überein. Die *Masse*, also Stoffmenge der Körper, wird wie bisher in g und kg gemessen.

Tabelle 8. *Oberflächenbeschaffenheit und Zugaben*

Kennwort	Kennzeichen	Oberflächenbeschaffenheit	Bearbeitungs-zugabe	Ausführung
Roh		roh bleibende Oberfläche	keine Zugabe	Gußhaut
Putzen		glatte Oberfläche	keine Zugabe	sauber gießen
Schruppen ..		Schruppfläche	Zugabe	gehobelt, gedreht, gefeilt, gefräst
Schlichten ..	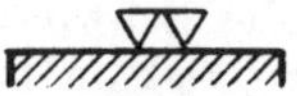	Schlichtfläche	Zugabe	
Schleifen ...	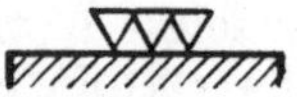	Schleiffläche	Zugabe	geschliffen

21. Bearbeitungszeichen und -zugaben. Auf Grund der Angaben in Tab. 8 werden beim Herstellen der Modelle die in den beiden Tab. 9 und 10 enthaltenen Schichtdicken zugegeben.

Bild 82. Zugabe bei ebenen Flächen
a zuzugebende Schicht

Tabelle 9. *Zugaben für Flächen bei leichtem Guß in mm* (Bild 82)

Länge *A* mm		Breite *B* mm		
von	bis	von 6 bis 50	55 200	205 300
0	200	3	4	4
205	400	4	4	5
405	600	5	5	6

Tabelle 10. *Zugaben in Bohrungen, mm auf den Halbmesser* (Bild 83)

Bohrungsdurchmesser mm		Länge *L* in mm							
von	bis	von 20 bis 80	85 160	165 250	255 380	385 540	545 770	775 1000	über 1000
20	50	2	3	4	5	6	7	8	9
55	100	3	3	4	5	6	7	8	9
105	180	4	4	4	5	6	7	8	9
185	220	5	5	5	5	6	7	8	9
225	560	6	6	6	6	6	7	8	9
565	960	7	7	7	7	7	7	8	9
965	1000	8	8	8	8	8	8	8	9
über	1000	9	9	9	9	9	9	9	9

22. Der Modellriß hat im Schwindmaß in natürlicher Größe mit Angabe von Bearbeitungen, Kernmarken u. Formschrägen zu erfolgen.

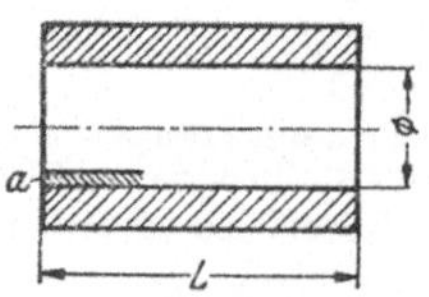

Bild 83. Zugabe in Bohrungen
a zuzugebende Schicht auf den Halbmesser gerechnet

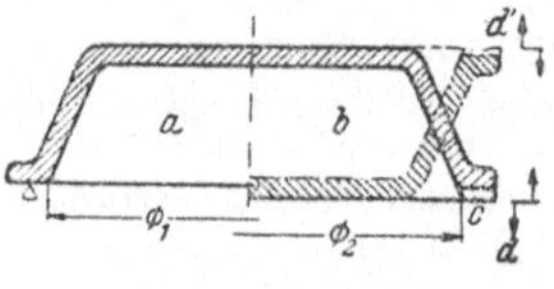

Bild 84. Deckel
a Werkzeichnung; *b* Modellriß; *c* Bearbeitungszugabe; *d*, *d'* Formteilung

a) Für ein Naturmodell (ohne Kernmarke) zeigt Bild 84 die Werkzeichnung und den Modellriß. Dieser hat folgende Aufgaben:

1. Festlegung der Einformrichtung. Bearbeitungsflächen möglichst in das Unterteil! Dieses Modell kann stehend oder

liegend, d. h. nach *d* oder *d'* eingeformt werden, ohne daß Modell oder Formschräge geändert werden müssen.

2. Maße, die sich auf Grund von Bearbeitungszugaben verzerren, werden richtig bestimmt (s. Φ_1 und Φ_2 in Bild 84).

3. Die Formschrägen werden bestimmt (s. Abschn. 18).

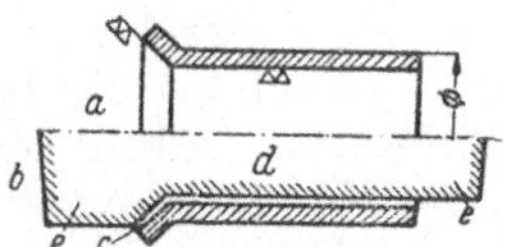

Bild 85. Einsatzbuchse

a Werkzeichnung; *b* Modellriß; *c* Bearbeitungszugabe; *d* Kern; *e* Kernmarken

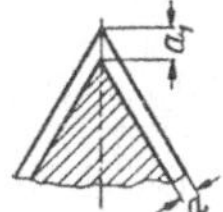
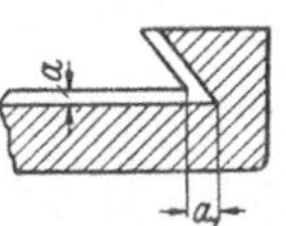
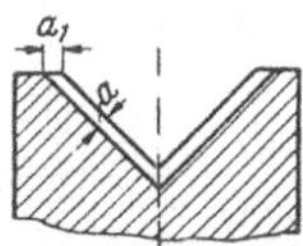

Bild 86. Schräge Bearbeitungsflächen

a Bearbeitungszugabe

4. Schablonen, die für die Fertigstellung der Modellarbeit notwendig sind, können genau bestimmt und angefertigt werden.

5. Für Kontrollzwecke.

b) Für ein Kernmodell (mit Kernmarken) gibt Bild 85 den Modellriß an. Zuerst wird die Bearbeitung angerissen, dann erst bestimmt man die Kernmarken. Der Modellriß ist auf Holz aufzureißen. Bei einfachen Modellen kann man ihn entbehren. Für große Modellarbeiten werden nur einzelne Teile zu Brett gebracht, z. B. schräge Paßflächen. Solche wichtigen Flächen müssen immer aufgerissen werden, um den Unterschied zwischen a und a_1 (Bild 86) festzulegen.

23. Naturmodell und Kernmodell. Jedes Modell, das zum Abformen in der Gießerei angefertigt wird, muß folgende Eigenschaften haben:

1. Schwindmaßzugabe, es muß also um den Schwund größer sein (Abschn. 20).
2. Bearbeitungszugaben nach gegebener Zeichnung (Abschn. 21).
3. Kernmarken für Kernmodelle (s. S. 25⋯36).
4. Formgerechte Abschrägungen und Kegel (Abschn. 18).
5. Aushebe- und Losschlagvorrichtungen (Abschn. 12).

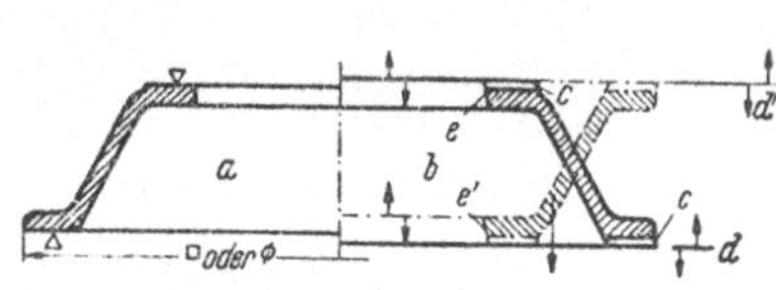

Bild 87. Untersatz

a Werkzeichnung; *b* Modellriß; *c* Bearbeitungszugaben; *d* u. *d'* Formteilung; *e* u. *e'* Abschrägung bzw. Kegel (Formschräge)

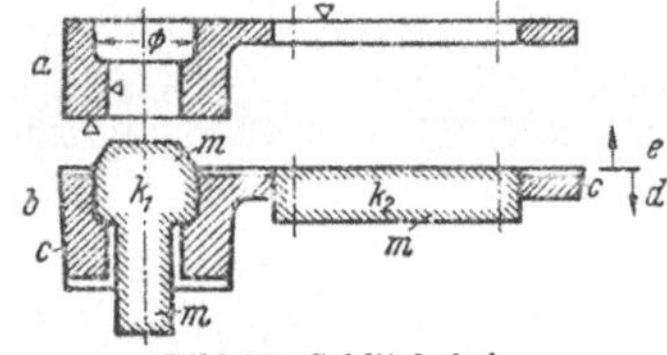

Bild 88. Schlitzhebel

a Werkzeichnung; *b* Modellriß; *c* Formschräge; *d* Unterkasten (Unterteil); *e* Oberkasten; k_1 u. k_2 Kerne; *m* Kernmarken

a) Das Naturmodell wird ohne Kernmarke gearbeitet, z. B. Bild 87. Hier ist die Kastenteilung bzw. die Lage des Modelles in der Form durch die Formschräge *e* bzw. *e'* bestimmt.

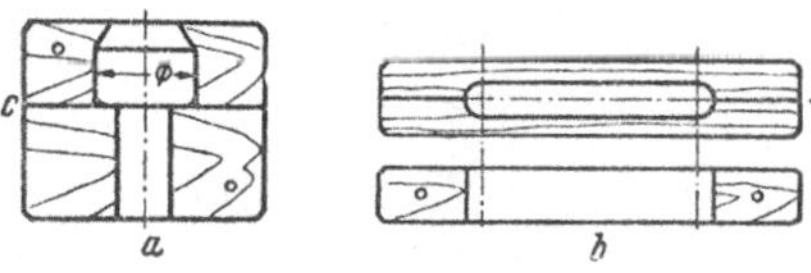

Bild 89. Kernkästen zu den beiden Kernen Bild 88, *a* für k_1, *b* für k_2; *c* Leimfuge

b) Das Kernmodell, mit Kernmarken und Kernkästen, z. B. Bild 88, hat laut Modellriß drei Kernmarken für zwei Kerne, Kern 1 mit Ober- und Unterkastenmarke, Kern 2 nur mit Unterkastenmarke. Die Kernmarken *m* dienen zur Auflage und Führung des Kernes. In Bild 89 sind die Kernkästen für die beiden Kerne gezeichnet.

B. Kernkästen und Verleimungen

Hohle Gußstücke müssen mit Kern geformt werden. Das Modell wird daher mit Kernmarke gearbeitet, und für *Hohlraum plus Kernmarke* muß ein Kernkasten angefertigt werden (Bild 90).

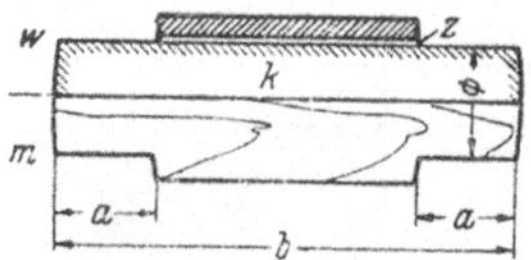

Bild 90. Modellriß *w* und Modell *m* (im Schnitt) für einen Rundkern *k*

z Bearbeitungszugabe; *a* Kernmarken; *b* Länge des Kernes bzw. des Kernkastens

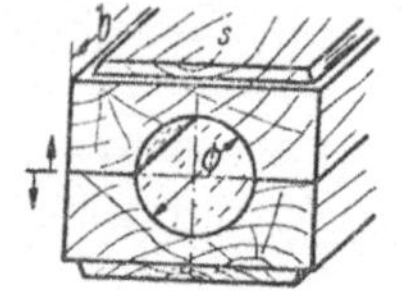

Bild 91. Kernkasten zu Bild 90

s Sohle, zur Verstärkung

24. Kernkästen für Rundkerne (Bilder 90 u. 91). Der Kernkasten wird zweiteilig ausgeführt. Die beiden Teile werden mittels Dübeln geführt und mit zwei Kernkastenverschlüssen zusammengehalten (Abschn. 12). Letzteres ist jedoch nicht unbedingt notwendig.

Kernkästen für *abgesetzte* Rundkerne (Bild 92) werden aus mehreren Teilen zusammengesetzt, die Hälften verdübelt und die Hohlkehlen mit Kitt gezogen. Kleinere Kernkästen können ausgedreht werden. Bei zusammengesetzten Kästen legt man die Leimfuge so, daß die einzelnen Teile nicht zu groß werden, bzw. daß man nicht hinterdrehen muß (Bild 93). Zu beachten ist, daß bei jeder Stufe eine Abschrägung (Kegel) notwendig ist (bei *b*). Die Eindrehung bei *a* sichert beim Zusammenleimen die genaue Zentrierung. Kürzere Stufenunterschiede können mittels eines Ringes erreicht werden (Bild 94).

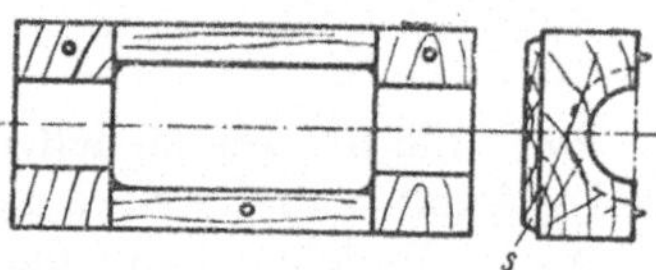

Bild 92. Kernkasten für einen abgesetzten Rundkern

s Sohle

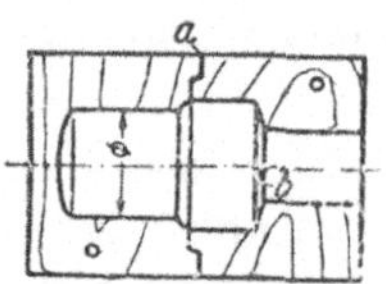

Bild 93. Mehrteiliger Kernkasten

a Leimfuge; *b* Abschrägung (Kegel)

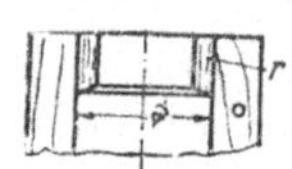

Bild 94. Stufenbildung durch eingeleimten Holzring *r*

25. Kernkästen für Flachkerne werden von Fall zu Fall nach verschiedenen Gesichtspunkten geteilt. So können *kleine Kernkästen* aus dem Vollen, von je einer Hälfte, herausgeschnitten werden (Bild 95). Für *mittelgroße Kernkästen* muß, um Holz zu sparen, der Aufbau nach Bild 96 „richtig“ erfolgen. Handelt es sich um *breite Flachkerne*, dann wird entsprechend Bild 97 vorgegangen. Die Wände *großer Kernkästen* können stumpf mit Leisten verbunden oder auch ganz eingelassen werden (Bild 98). Je nach der Güteklasse (s. Abschn. 50) arbeitet man beim Zusammenbau mehr oder weniger sorgfältig, daher die verschiedenen Ausführungsarten.

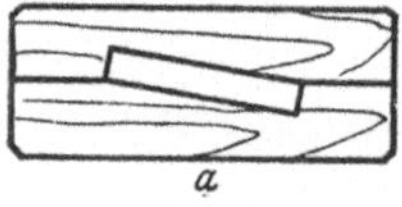

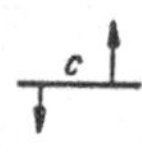

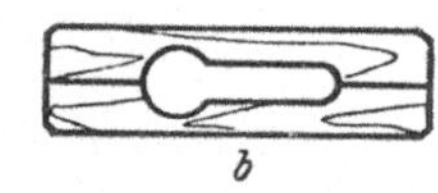

Bild 95. Kleine, aus dem Vollen gefertigte Kernkästen

a für kantige, *b* für gerundete Kerne; *c* Teilungen

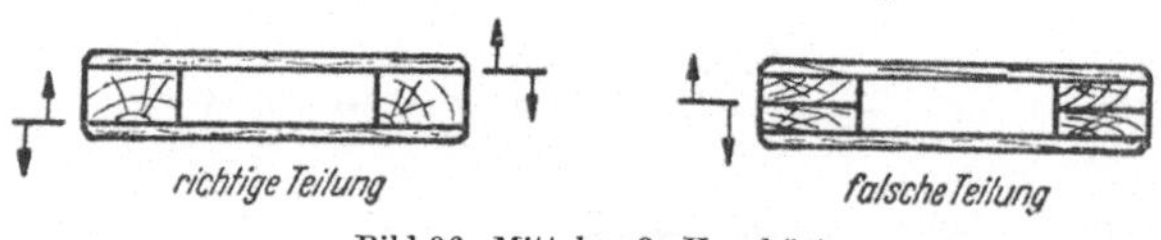

Bild 96. Mittelgroße Kernkästen

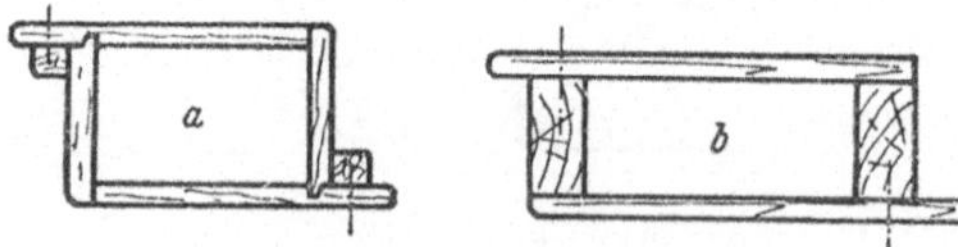

Bild 97. Kernkästen für breite Flachkerne

a gute Ausführung, Ecken verzinkt; *b* einfache Ausführung für wenige Abgüsse

Der *Rahmen* des *Kernkastens* muß so vorgerichtet werden, daß er nach oben hin vom Kernkastenboden abgeschraubt werden kann (Bild 99). Aufrecht befestigte Leisten an Kernkastenböden versteifen besser als liegend angebrachte (Bild 100).

Kernkasten-Außenkanten fast man immer ab, damit sie nicht ausbrechen oder abgestoßen werden (Bild 101). Die Bilder 102 u. 103 zeigen *Abrundungen*, die in Kernkästen ausgeführt werden, während in den Bildern 104 bis 108 verschiedene *Hohlkehlenausführungen* für Kernkästen zu erkennen sind. Dabei kann verschieden geteilt werden, je nachdem der Kernkasten auseinander genommen werden muß.

Merke: Für Kernkästen entsprechend großen Hohlraum schaffen und alles übrige hineinbauen. Für Modelle entsprechend kleinen starren Grund schaffen und darauf aufbauen!

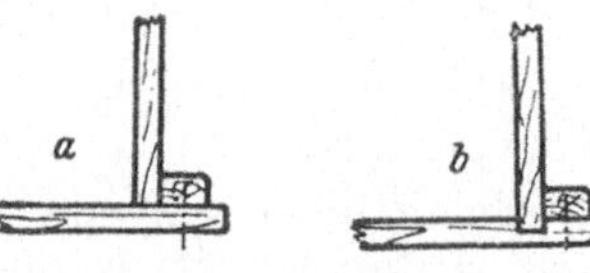
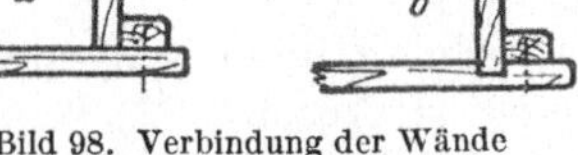

Bild 98. Verbindung der Wände großer Kernkästen
a stumpf; *b* eingelassen

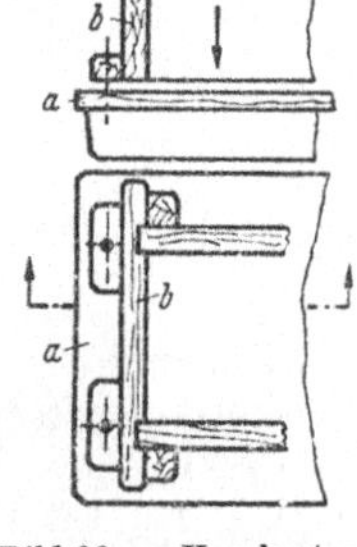

Bild 99. *a* Kernkastenboden; *b* Rahmen

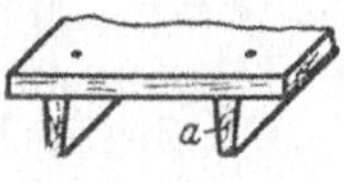
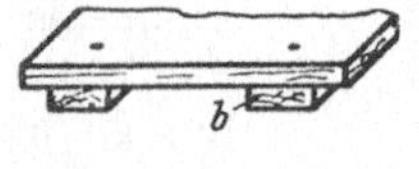

Bild 100. Versteifungsleisten an Kernkastenböden
a aufrecht; *b* flach angebracht

Bild 101
Abfasen von Kanten bei *a*

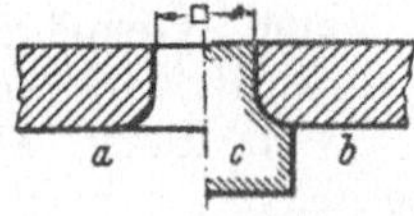

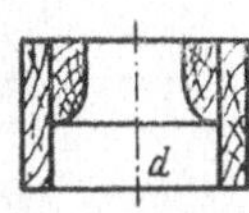

Bild 102

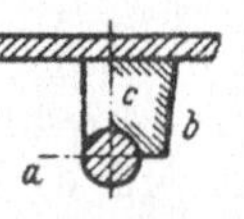

Bild 103

Bilder 102 u. 103. Abrundungen in Kernkästen
a Werkzeichnung; *b* Modellriß; *c* Kern; *d* Kernkasten

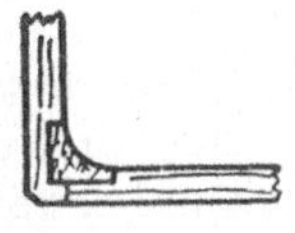

Bild 104

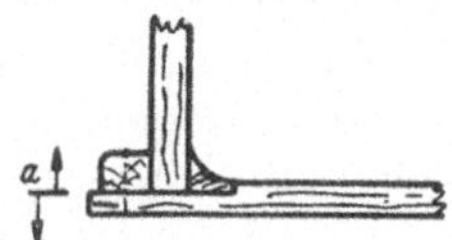

Bild 105

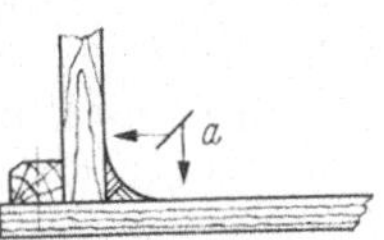

Bild 106

Bild 104: Hohlkehle mit Kernkastenwandungen fest verbunden; Bild 105: einseitig; Bild 106: beiderseits befestigt, radial geteilt, *a* Teilung

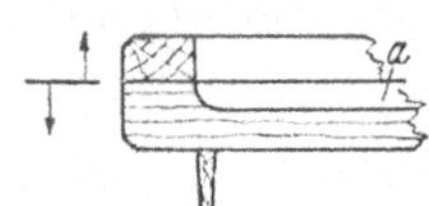
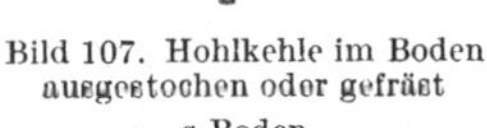

Bild 107. Hohlkehle im Boden ausgestochen oder gefräst
a Boden

Bild 108. Hohlkehlen ausgeschnitten. Die Ausführung *b* ist die bessere, da ein seitliches Verschieben ausgeschlossen ist

26. Verleimung runder Modellkörper. a) Vollverleimung bis 125 mm Dmr. (Bild 109). Dabei ergibt sich folgender Arbeitsgang: Genaues Zusammenpassen der zu leimenden Flächen mit nachträglichem Abzahnen. Letzteres bewirkt ein innigeres Verbinden der zu verleimenden Holzteile. Vor dem Ansetzen der Zwingen sind die Holzteile gut aufeinanderzureiben. Stifte von rd. 25 mm Länge, auf der Hirnholzseite bis $^3/_4$ der Länge eingeschlagen (wegen Herausziehen), sichern gegen Verschieben der Holzteile beim Leimen. (*Merke*: Zuerst die Zwingen in der Mitte der Holzteile ansetzen, so daß der Leim seitwärts herausgepreßt wird.)

b) Hohlverleimung von 130···250 mm Dmr. (Bild 110): Arbeitsgang wie bei der Vollverleimung. An den Enden werden jedoch schmale Leisten eingeleimt. Vorteile der Hohlverleimung sind:

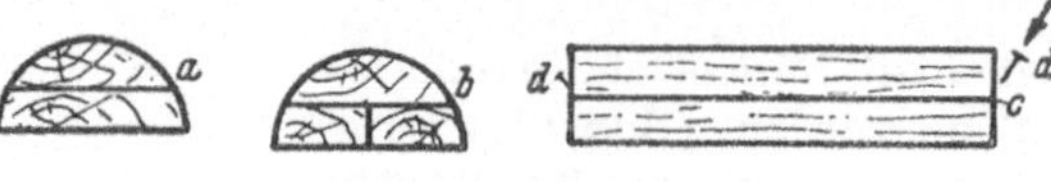

Bild 109. Vollverleimung

a u. *b* geteilte Modellhälften; *c* Leimfuge; *d* Stifte

Bild 110. Hohlverleimung

1. Holzersparnis. — 2. Gewichtsverminderung. — 3. Gleichmäßigeres Trocknen (keine Luftrisse).

c) Daubenverleimung über 250 mm (Bild 111). Der Winkel α wird auf Grund des Modellrisses (s. Abschn. 22) bestimmt, das Schrägmaß d danach eingestellt und auf die Dauben übertragen. Die Zugabe a zum Drehen beträgt 4 bis 7 mm auf den Halbmesser. Bis 500 mm Länge werden zwei Häupter c eingesetzt; ihr Abstand bei mehr als zwei Stück soll 650 mm nicht übersteigen. Das *Zurichten* der Häupter und Dauben: Die Häupter werden aus 2···3zölligem Föhrenholz gearbeitet, aufeinandergelegt, aufgerissen, gemeinsam ausgeschnitten und bearbeitet. Die Dauben werden, wo eine Kreissäge vorhanden (sonst Bandsäge), im $\sphericalangle \alpha$ vom Brett abgeschnitten (Bild 112), nachher auf der Abrichtmaschine, welche ebenfalls im $\sphericalangle \alpha$ eingestellt ist, genau abgerichtet (Bild 113). Danach werden die Häupter auf einem Reißbrett (Mittel auf Mittel) aufgestellt und mit Stiften geheftet. Dann wird die oberste Daube aufgeleimt und angeklammert, wonach die anderen angepaßt, angeleimt und angeklammert werden.

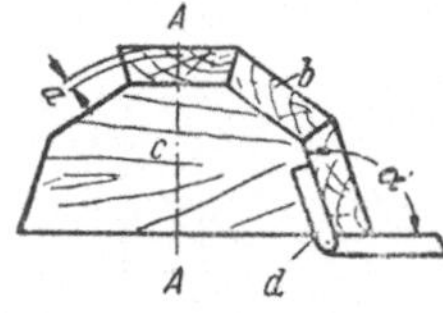

Bild 111. Modellriß einer Daubenverleimung

a Zugabe zum Drehen; *b* Daubenquerschnitt; *c* Häupter (Querbretter); *A—A* Mittel; *d* Schrägmaß

Bild 112. Ausschneiden der Dauben

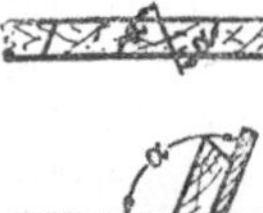

Bild 113. Schema für das Abrichten

a Abrichthobelmaschine

27. Daubenverleimungen. In den Bildern 114···117 ist das Beispiel einer Daubenverleimung wiedergegeben. Wenn mehrere Abgüsse in Betracht kommen, werden Modell und Kernkasten ausgeführt, bei Einzelabgüssen nur Schablonen. Die Kernmarkenlänge (je 150 mm) wird mit verleimt (Daubenlänge 983 mm) und als Kerndurchmesser (Bild 115) beim Drehen abgesetzt. Diese Art kann jedoch nur dann

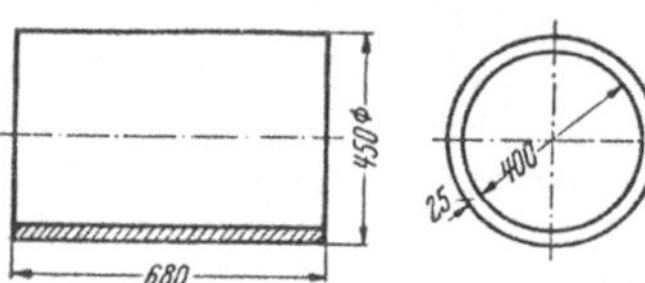

Bild 114. Rohrstück (Werkzeichnung)

Bild 115. Modellriß

Φ_1 Kernmarkendurchmesser; Φ_2 Außendurchmesser

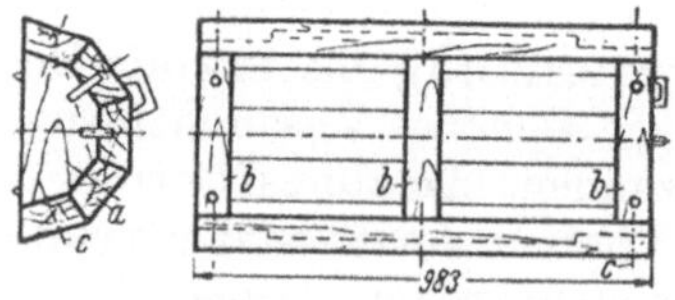

Bild 116. Verleimte Modellhälfte

a Dauben; *b* Häupter; *c* versenkte Schrauben

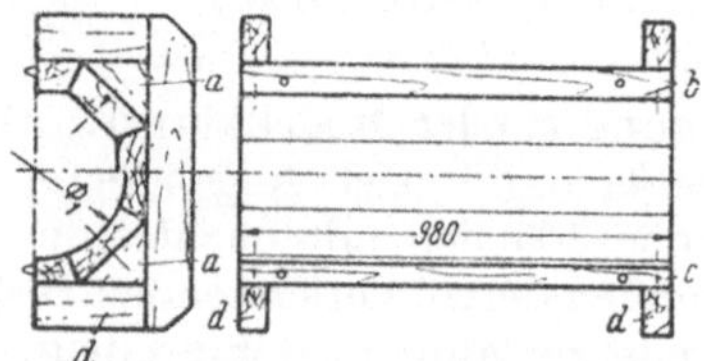

Bild 117. Kernkasten zu Bild 114

a eingeleimte Winkelhölzer; *b* Kernkastenhälfte verleimt; *c* Kernkastenhälfte ausgehobelt; *d* Rahmen

Bild 118

vorgenommen werden, wenn der Unterschied von $\varnothing_1$ auf $\varnothing_2$ nicht mehr als 35 mm ausmacht. Ist er größer, so müssen die Kernmarken besonders aufgesetzt werden. Eine verleimte Modellhälfte zeigt Bild 116. Die Dauben werden mittels Klammern an die Häupter angepreßt und mit versenkten Schrauben *c* befestigt. Der *Kernkasten* wird ebenfalls in Daubenverleimung ausgeführt (Bild 117). Die Rahmenhölzer werden aus Quadraten geschlitzt und in Hälften zerschnitten (Bild 118).

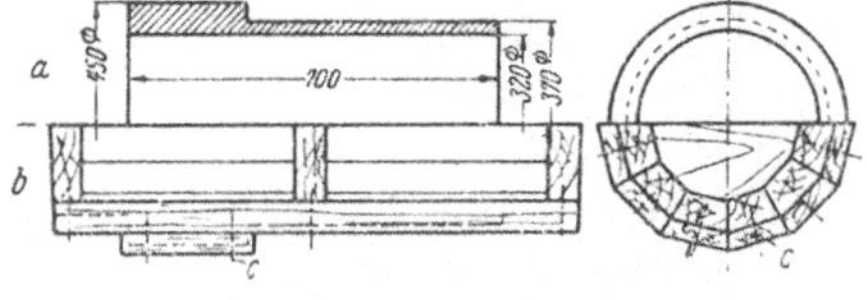

Bild 119. Buchse

a Werkzeichnung; *b* Modellaufbau; *c* versenkte Schrauben; *s* Daubenstärke

Beispiel einer doppelten Daubenverleimung (Bild 119). Der Arbeitsgang ist zunächst dem vorhergehenden gleich. Dann wird auf den ersten ein zweiter Daubenkranz von der Stärke *s* aufgeleimt und mit ihm außerdem durch versenkte Schrauben (bei *c*) verbunden.

28. Segmente, Scheiben und Sektoren. Rundkörper *niederer* Art werden mittels Segmenten (Ringausschnitten) zur Ringverleimung aufgebaut. Das dazu notwendige Holz wird aus Ersparnisgründen zu mehreren Brettbreiten (Bild 120) verleimt, dann wird aufgerissen und ausgeschnitten (Bilder 121···123). Zwischen

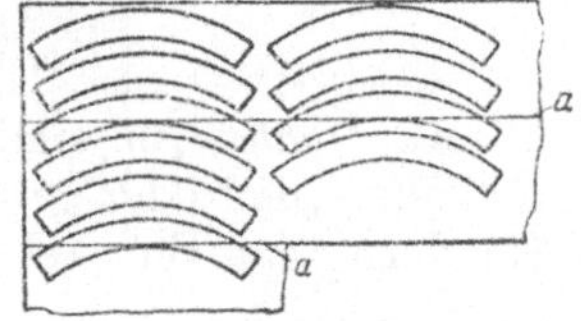

Bild 120. Ausschneiden von Segmentstücken

a Leimfugen

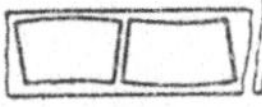

Bild 121 Breite Segmente (Ringausschnitte)

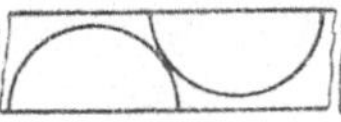

Bild 122 Scheiben

Bild 123 Sektoren (Kreisausschnitte)

jedem Segment ist beim Aufreißen so viel Platz zu lassen, daß die Säge das nächste Segment nicht anschneidet. Das Aufreißen erfolgt mittels des ersten ausgeschnittenen Segmentes. Je nach der Größe des Durchmessers beträgt die Teilung $^1/_3 \cdots {}^1/_{12}$ vom Umfang des Kreises. Zusammenpassen kann man die einzelnen Segmente zu Ringen auf der Stoßlatte, Stoßmaschine oder auf dem Stoßbrett (Bild 124).

Beispiel einer Segmentverleimung (Bilder 125 u. 126). Arbeitsgang: Segmente werden zu Ringen verleimt und diese

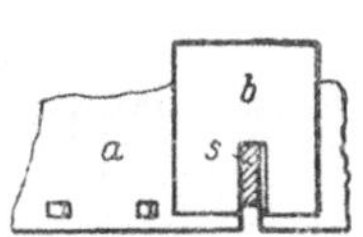

Bild 124. *a* Hobelbank; *b* Stoßbrett; *s* Segment

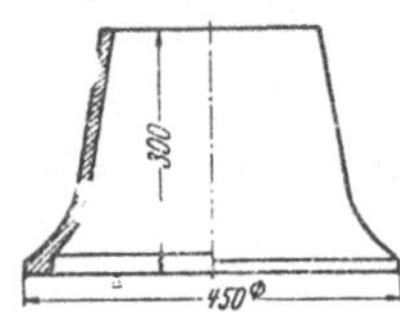

Bild 125. Untersatz (Werkzeichnung)

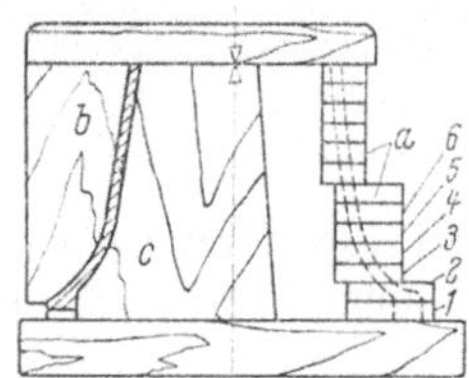

Bild 126. Modellriß für ein Naturmodell zu Bild 125

a Aufbau der Ringe in 3 Stößen; *b* Außenschablone; *c* Innenschablone

zum Modellkörper. Durchmesser und Stärke der Ringe entnimmt man dem Modellriß. Weiter werden Innen- und Außenschablone für die Drehbankarbeit angefertigt, beide mit Anschlagleiste. Beim Verleimen werden die Fugen der Segmente versetzt, so daß die Segmentfugen der Ringe *1, 3, 5* bzw. *2, 4, 6* usw. übereinanderliegen (ähnlich große Ringe gleich groß (Bild 126, 3 Stöße) zwecks günstigeren Zusammenpressens durch Zwingen).

29. Hohlverleimungen. Rundkörper, die mit Kern gearbeitet werden und daher geschlossen sind, werden hohl verleimt, wie für eine Spule in den Bildern 127···131 zu erkennen ist. Das Modell Bild 129 und der Kernkasten Bild 130 werden außen aus Segmenten gefertigt. Der Ringkörper des Kernkastens ist zweiteilig und wird in der Pfeilrichtung auseinandergenommen, die Teilung wird mit Kernkastenverschlüssen zusammen gehalten.

Hohlverleimung größerer Modelle. Für jede Modellarbeit ist vorerst ein starrer Grund zu schaffen, auf welchem dann das Modell weiter aufgebaut werden kann. Dieser Grund kann sein:

a) Rahmen;
b) Scheiben und Platten;
c) Ringe und Dauben;
d) Voll- und Hohlkörper (Abschn. 26 u. 27);
e) große Hohlkörper.

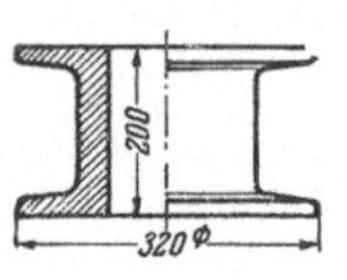

Bild 127. Spule (Werkzeichnung)

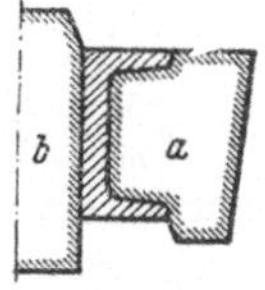
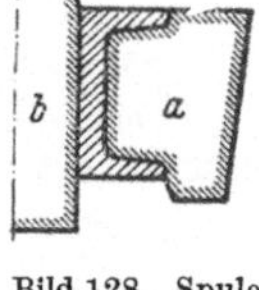

Bild 128. Spule (Modellriß)

a Ringkern; *b* Bohrungskern

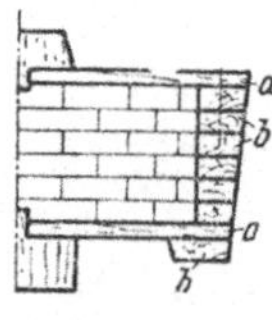

Bild 129. Modell der Spule

a Böden; *b* Aufbau der Ringe

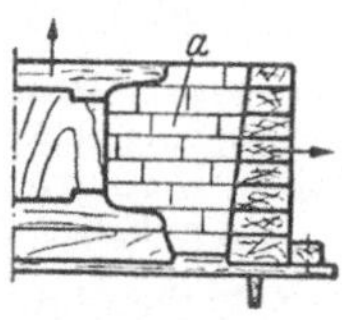

Bild 130. Kernkasten für den Ringkern *a*

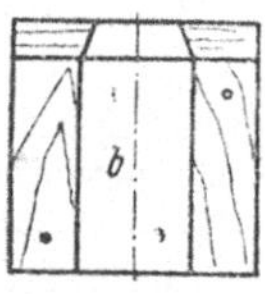

Bild 131. Kernkasten für den Bohrungskern *b*

Große Hohlkörper sind mittels Häuptern entsprechend zu versteifen, um so ein Verstampfen oder gar ein Hohlstampfen der Modellwände beim Einformen zu verhindern. Ein Beispiel zeigt Bild 132 (Werkstoff: Föhre).

Arbeitsgang:

1. Böden, Rahmen und Häupter zurichten und verleimen.
2. Rahmen verzinken (Abschn. 19 unter *i*).
3. Häupter laut Modellriß aufreißen, gemeinsam ausschneiden, putzen und mit Zeichen versehen. Dann Leisten daraufleimen und anschrauben bzw. anstiften.
4. Häupter im Rahmen aufteilen, anleimen und von außen anschrauben bzw. anstiften. Dann wird das Notwendige verputzt, und die Böden werden angeleimt und angeschraubt.

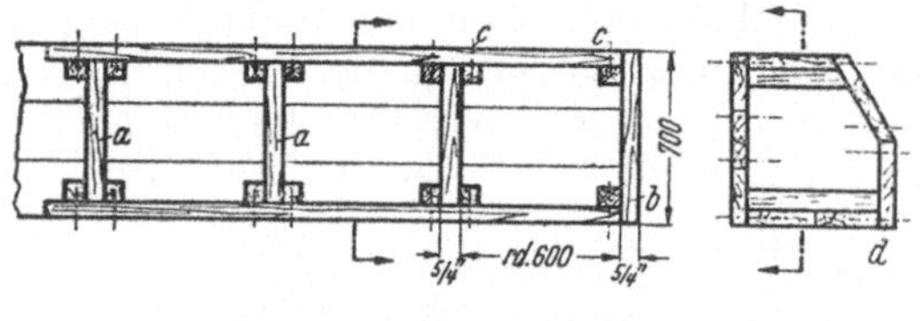

Bild 132. Modell als Hohlkörper

a Häupter; *b* Rahmen verzinkt; *c* versenkte Schrauben; *d* Böden

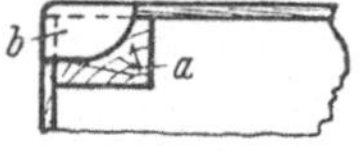

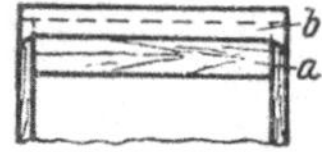

Bild 133. Verstärkungen *a* bei Aussparungen *b*

Merke: Bei Hohlkörpern ist immer das kleinste Maß als Grundmaß zu nehmen, auf welchem dann aufzubauen ist. Sind Aussparungen kleinerer Ausmaße notwendig, so kann wohl die Grundform beibehalten werden, dafür ist jedoch innen eine Verstärkung anzubringen, um beim Ausstechen nicht durch die Wandung durchzukommen, z. B. Bild 133.

30. Dünnwandige Naturmodelle. Dünnwandige Modelle werden auf einem Holzklotz von der Innenform des Modelles aufgebaut (Bilder 134···139). Durch diesen Holzklotz wird das dünnwandige Modell beim Einstampfen geschont, weil es darüber gestülpt ist, innen überall anliegt und so nicht verstampft werden kann (Bild 139). Wenn der Holzklotz auf genaues Innenmaß gearbeitet ist, werden die Leisten *a* und *a'* von oben leicht angestiftet und verarbeitet (Bild 137). Das Langholzsegment wird so angefertigt, daß zuerst ein Holzteil auf 43 mm Radius gerundet und dann eingepaßt wird. Um rasch und genau einzupassen, wird das Gegenstück mit Kreide eingestrichen und von dem einzupassenden Stück wird dann immer dort weggenommen, wo sich die Kreide abgezeichnet hat. Der

Vorgang wird so lange wiederholt, bis beim Aufreiben die ganze Fläche abfärbt, d. h. bis das Stück genau angepaßt ist. Nach dem Anpassen wird nun das Langholzsegment an den Innenseiten der Leisten *a* und *a'* angeleimt und dann ausgekehlt. Die am Boden angedübelte Kernstück-

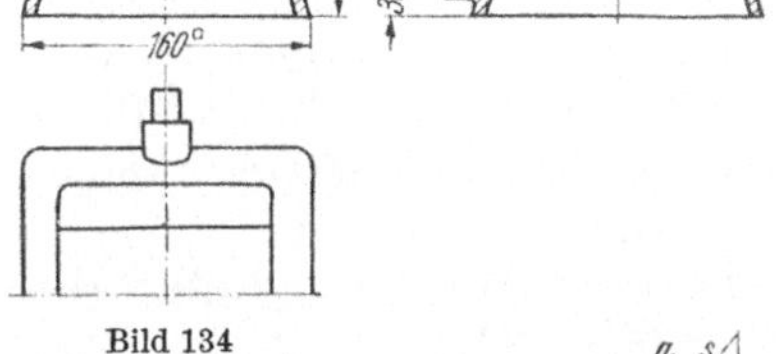

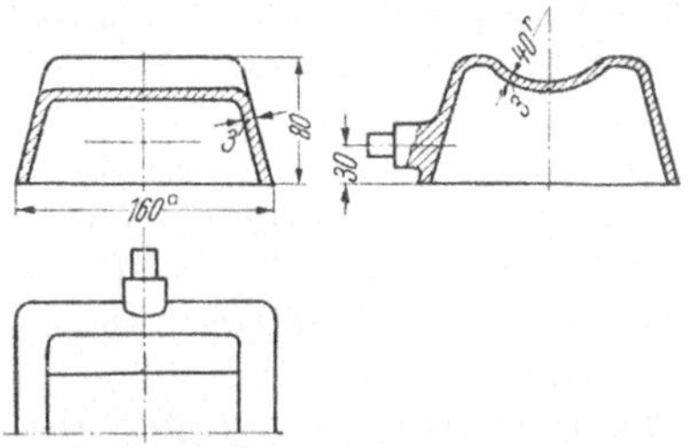

Bild 134
Schale mit Zapfen

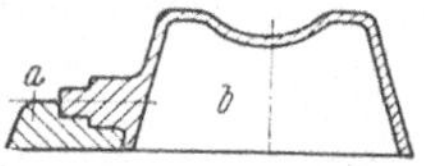

Bild 135. Modellriß zu Bild 134
a Form für das Kernstück; *b* Innenform für den Holzklotz

Bild 136. Holzklotz

form (Bild 138) erspart beim Formen das Abteilen für das Kernstück und dient gleichzeitig beim Einformen als Stütze für den Zapfen. Der Formvorgang ist aus Bild 139 zu ersehen. Ist das Modell aus der Form entfernt, dann wird das Kernstück wieder eingelegt und die Form zusammengesetzt.

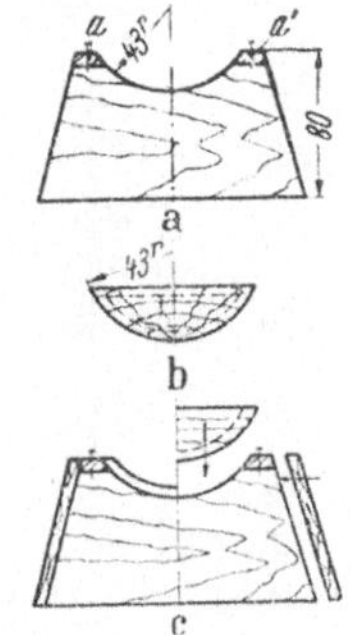
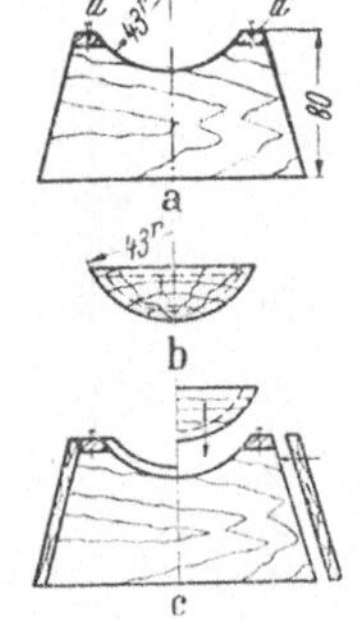

Bild 137 a···c. Aufbau der Wandstärken

a) Aufbau der Leisten *a* u. *a'*; b) Holzteil für das Langholzsegment; c) Zusammenbau des Modelles

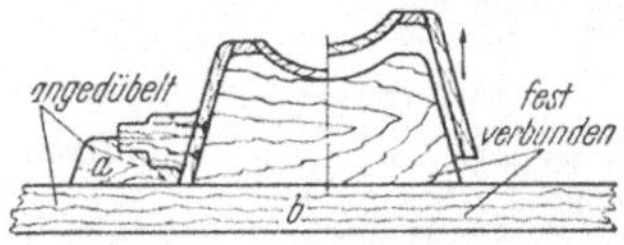

Bild 138. Montiertes Modell
a Kernstückform auf *b* Boden angedübelt

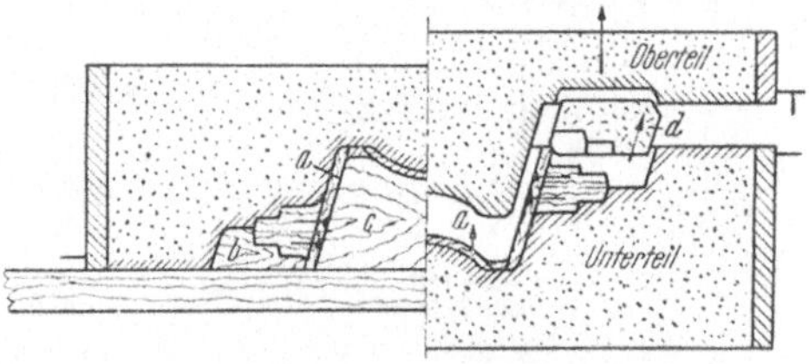

Bild 139. Aufstampfen des Oberteils (Oberkasten) und Ausheben des Modelles
a Modell; *b* Kernstückform; *c* Holzklotz; *d* Kernstück

C. Kerne und Kernmarken

Kernmarken und Modell ergeben beim Abformen einen Hohlraum in der Form. Der Hohlraum der Kernmarke dient zur Auflage und Führung des Kernes. Der so noch übrigbleibende Hohlraum nach dem Einlegen des Kernes bildet beim Guß die Wandstärke. Man unterscheidet:

31. Kernmarken für stehende Kerne. a) Unterkastenkernmarke (z. B. Bilder 140 u. 141). Bietet die Unterkastenkernmarke dem Kern genügend Halt

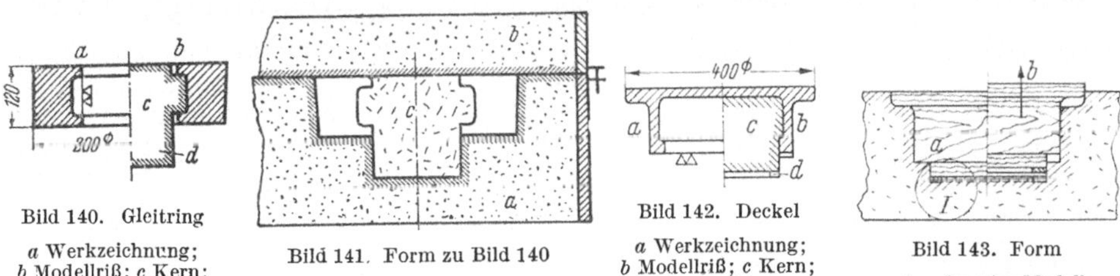

Bild 140. Gleitring
a Werkzeichnung; *b* Modellriß; *c* Kern; *d* Unterkastenkernmarke

Bild 141. Form zu Bild 140
a Unterkasten; *b* Oberkasten; *c* Kern

Bild 142. Deckel
a Werkzeichnung; *b* Modellriß; *c* Kern; *d* Sandschürze, ringförmig

Bild 143. Form
a eingeformtes Modell; *b* Modell wird ausgehoben

und Führung, so ist das Anbringen einer Oberkastenkernmarke überflüssig, es stößt also Kernsand und Oberkastensand in der Teilungsebene zusammen. So ist der Kern in Bild 141 durch den Oberkasten gegen Aufschwimmen beim Gießen abgestützt, während derjenige in Bild 144 ganz frei steht (der Former sichert ihn durch Kernstützen). Weiter sind drei verschiedene Ausführungen zu beachten:

1. *Kermarken* mit üblicher Formschräge, wobei im *Kernkasten keine* Formschräge ausgeführt wird, Güteklasse III. Diese Ausführung kann dann in Betracht kommen, wenn die Sicht beim Kerneinlegen (kleinere Kerne) gegeben ist. Da jedoch beim Einlegen der Kerne unwillkürlich Sand abgestreift wird, ist es vorteilhaft, wenn Sandschürzen (Sandfallen, s. DIN 1511; runde Kernmarken s. DIN 1517) angebracht werden, die den abgestreiften Sand aufnehmen können, damit ein genauer Sitz des Kernes gewährleistet ist. Bei eckigen Formen ist die Sandschürze rahmenförmig, bei runden Formen ist sie ringförmig zu gestalten (Bilder 142···144).

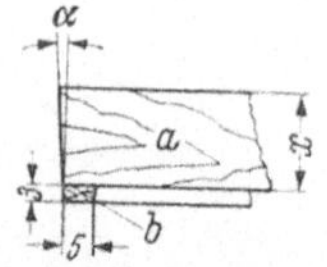

Bild 143a. Sandschürze. Ausschnitt *I* zu Bild 143

a Kernmarke; *b* Sandschürze; *x* Kernmarkenhöhe, je nach Größe und Lage 20···40 mm; α Formschräge, 1 : 40, wird im Kernkasten nicht ausgeführt

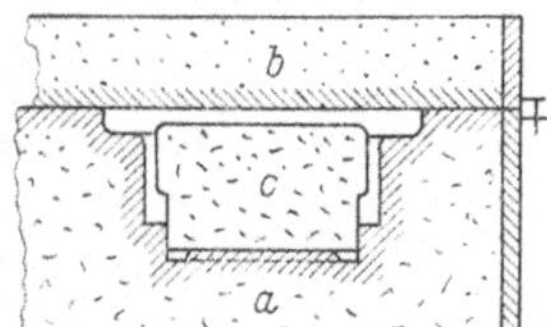

Bild 144. Form zu Bild 142

a Oberkasten; *b* Unterkasten; *c* Kern

2. Kernmarken *und* Kernkästen *mit* Formschräge ausgeführt (Bilder 145···147). Anwendung bei größeren Kernen, die mittels Kran eingelegt werden oder beim Einlegen keine Sicht frei lassen, Güteklasse I (s. S. 41).

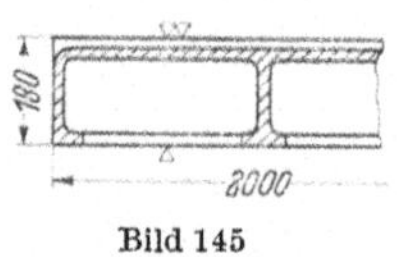

Bild 145
Grundplatte

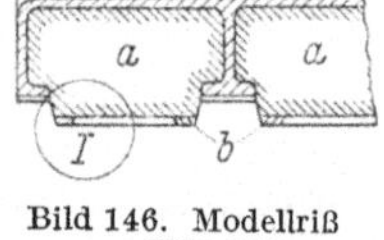

Bild 146. Modellriß zu Bild 145

a Kern; *b* Sandschürze, rahmenförmig

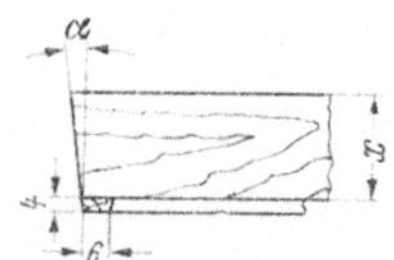

Bild 146a. Sandschürze. Ausschnitt *I* zu Bild 146

α = 10°, muß im Kernkasten ausgeführt werden (s. Bild 147)

3. Ausführung *ohne* Kernmarken (Bilder 148 u. 149). Bei breiten Flachkernen, die eine sichere Lage in der Form einnehmen, können die Kernmarken am Modell wegfallen. Der Former muß die Kerne beim Einlegen selbst einmitteln. Eine Meßleiste mit Wandstärke ist dem Kernkasten anzuschließen. Auch muß die Wandstärke am Modell schwarz gestrichelt und bemaßt werden (Bild 148 mit den Wandstärken 10 und 12 Millimeter). Große Kerne „wachsen" beim Trocknen in der Trockenkammer, der Kernkasten wird bei der Herstellung bis zu drei mm kleiner ausgeführt. Eine Aussprache mit dem Gießereifachmann legt je nach Kerngröße die genaue Maßhaltigkeit fest.

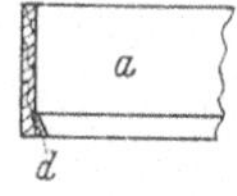
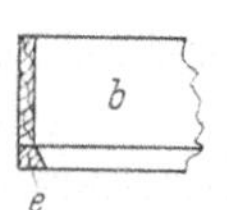
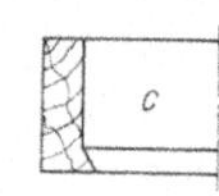

Bild 147. Kernkasten

a Ausführung mit Keilleiste *d* Güteklasse II; *b* mit Rahmenleiste *e* Güteklasse I; *c* bei runden Teilen kann die Formschräge gleich mit ausgedreht werden

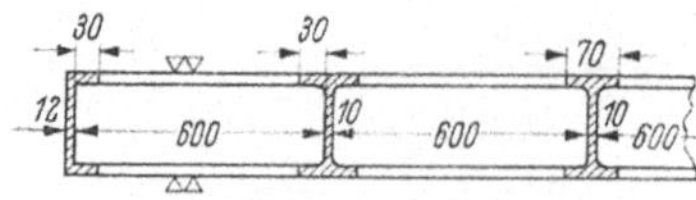

Bild 148. Grundplatte

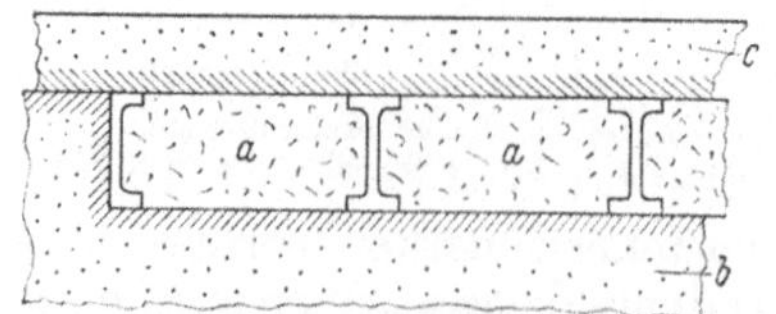

Bild 149. Form zu Bild 148

a freiliegende Kerne; *b* Gießereiboden, Herd; *c* Oberkasten, lange Formen werden aus zwei oder mehreren Teilen zusammengesetzt

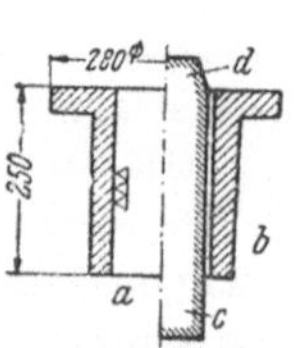

Bild 150. Buchse

a Werkzeichnung; *b* Modellriß; *c* Unterkastenkernmarke; *d* Oberkastenkernmarke

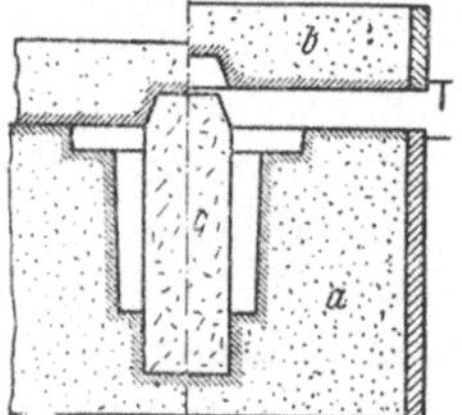

Bild 151. Form zu Bild 150

a Unterkasten; *b* Oberkasten; *c* Kern

Bei der Konstruktion ist zu beachten, daß die dazu gehörenden Kerne, die nur Wandstärken bilden, gleiche Größen bei der Bemaßung erhalten. Siehe in Bild 148 die Maßzahlen 30 und 600 mm; es kann dann ein Kernkasten für mehrere Kerne verwendet werden. Umschrauben von Modellteilen im Kernkasten siehe Bild 412. Lange Modelle vgl. auch Bild 293.

b) Ober- und Unterkastenkernmarken (z. B. Bilder 150 u. 151). Oberkastenkernmarken sind möglichst kegelig zu machen, damit sich die Kerne besser einführen lassen, weiter sind sie abnehmbar anzuordnen.

32. Kernmarken für liegende Kerne. a) Doppelseitige Auflage (z. B. Bilder 152 u. 153). Solche Kernmarken sind in der Längsrichtung ohne Form-

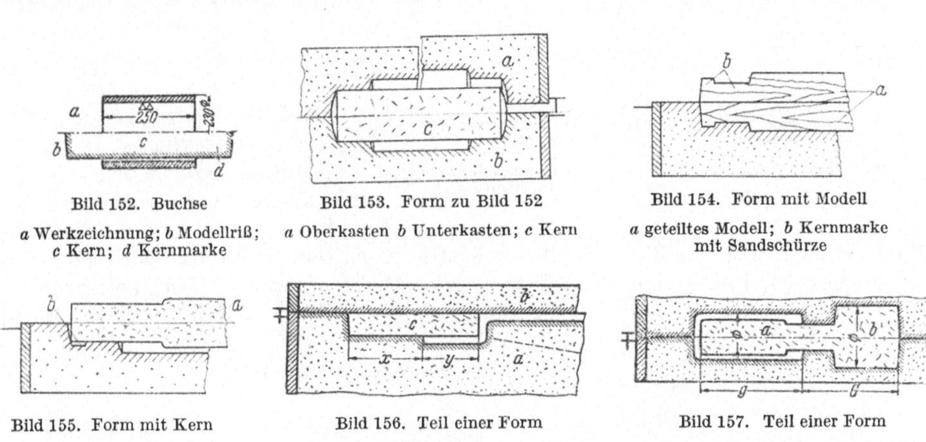

Bild 152. Buchse

a Werkzeichnung; *b* Modellriß; *c* Kern; *d* Kernmarke

Bild 153. Form zu Bild 152

a Oberkasten *b* Unterkasten; *c* Kern

Bild 154. Form mit Modell

a geteiltes Modell; *b* Kernmarke mit Sandschürze

Bild 155. Form mit Kern

a eingelegter Kern; *b* freier Raum (Sandschürze)

Bild 156. Teil einer Form

a Unterkasten; *b* Oberkasten; *c* Kern; *x* Länge der Kernauflage (Kernmarkenlänge); *y* freischwebender Teil des Kernes

Bild 157. Teil einer Form

a Kern; *b* Kopfmarke; *g* ist leichter als *G*

schräge, jedoch an den Enden mit einer schwachen Wölbung (in der Ausheberichtung) auszuführen. *Sandschürzen* für *liegende* Kerne zeigen die Bilder 154 u. 155.

b) Einseitige Auflage (z. B. Bild 156). Hier ist die Kernmarke entsprechend lang zu machen, so daß der Kern auf der Kernmarkenseite Übergewicht bekommt. x ist größer bzw. schwerer als y.

c) Kopf- oder Bundmarken (z. B. Bild 157: g ist leichter als G) treten ebenfalls bei einseitiger Auflage des Kernes in Verwendung, aber nur dann, wenn die Kernmarke — um das Übergewicht des Kernes zu sichern (Kernmarkenseite) — allzu lang gemacht werden müßte. Bietet die Kernmarke dennoch zu wenig Halt oder Führung, so müssen Kernstützen gestellt werden (Auftrieb beim Gießen).

33. Maßunterschiede zwischen Kernmarke und Kernkasten. a) Stehende Kerne. Werden bei Kernmarken *keine* Sandschurzen angebracht, so muß man sie gemäß Bild 158 bei *b* um 0,5···1,5 mm, je nach Kerngröße und Güteklasse, *höher* machen als den Kernkasten (Kern). Die Formschräge der Kernmarke muß genau mit jener des Kernkastens übereinstimmen, damit beim Kerneinlegen ein genauer Sitz gewährleistet wird (*c* in Bild 158).

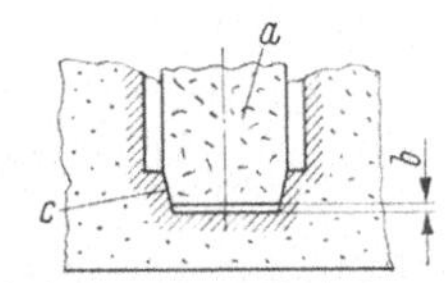

Bild 158. Form für stehenden Kern

a Kern; *b* freier Raum (0,5···1,5 mm), dient zur Aufnahme von Sandteilchen; *c* Formschräge

Die *Kernmarken* müssen immer *größer* als der Kernkasten ausgeführt werden. Mißt der Kern z. B. 60 mm im Durchmesser und 300 mm in der Länge, so ist die Kernmarke um 0,2 mm größer im Durchmesser und um 0,6 mm größer in der Länge gegenüber dem Kernkasten zu bemessen.

Bei richtiger Kernmarken- und Kernkastenausführung braucht der Former beim Kerneinlegen keine Nacharbeit durchzuführen, die immer nur mangelhaft sein kann, so daß keine genaue Maßhaltigkeit des Gußstückes gewährleistet ist.

b) Liegende Kerne bekommen auf der Auflagefläche *keine* Formschräge (c in Bild 159), sondern nur auf der Stirnfläche. Größe der Kernmarke und des Kernkastens sind wie bei stehenden Kernen auszuführen. *Geneigte* Kerne (a in Bild 160) läßt man in A und B parallel zur Kernform, also ebenfalls geneigt, aufliegen; dadurch wird der Kernkasten einfacher. Bei großer Neigung ist nach Bild 85 vorzugehen.

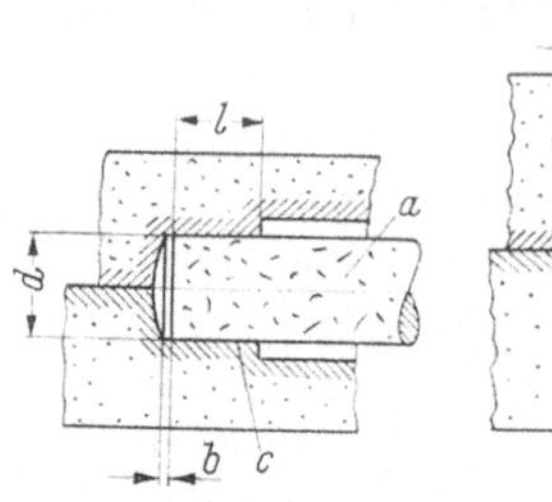

Bild 159. Form für liegenden Kern

a Kern; b freier Raum (0,5···1,5 mm); c zylindrische (parallele) Kernauflage $l \approx d$

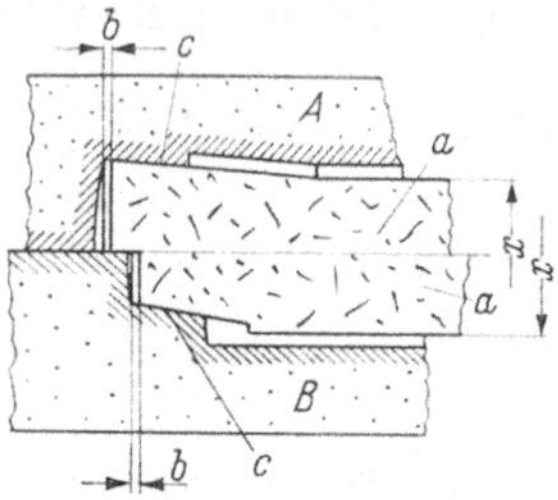

Bild 160. Form für geneigt aufliegenden Kern

a Kern; b freier Raum; c Kernauflage; x beliebiger Querschnitt

Kernmarken bekommen um ihre Sitzflächen herum immer eine *Ausrundung* (Hohlkehle), damit der Formsand an dieser Kante gefestigt wird. Diese Ausrundung ist unabhängig von der Kernmarkenform und Kernlage. Die Hohlkehle wird mit Kitt gezogen, bei Drehteilen wird sie gleich mit angedreht, lose angebrachte Kernmarken bekommen aus Festigkeitsgründen keine Ausrundungen. Die Bilder 161 und 162 zeigen eine *stehende*, die Bilder 163 und 164 eine *liegende* Ausführung.

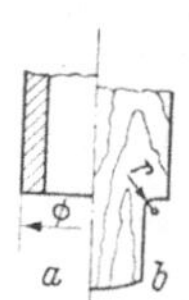

Bild 161. Stehender Kern

a Werkzeichnung; b Modell mit Ausrundung r (r = 2···3 mm)

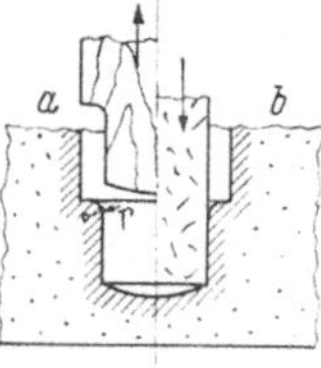

Bild 162. Form zu Bild 161

a Modell wird entfernt; b Form mit Kern

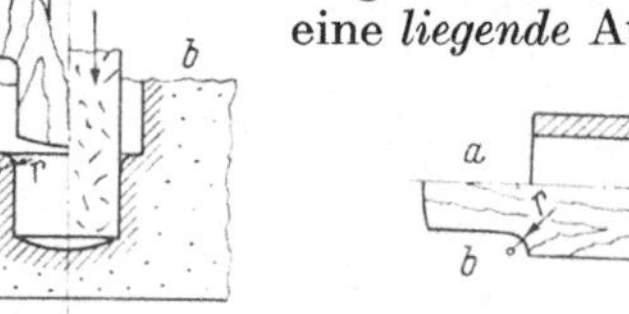

Bild 163. Liegender Kern

a u. b wie in Bild 161

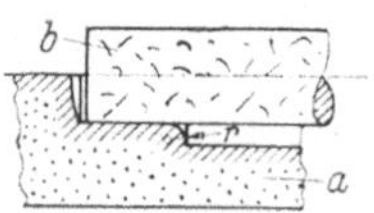

Bild 164. Form zu Bild 163

Unterteil a mit Kern b

Alle folgenden Beispiele sind der Einfachheit halber ohne Sandschürzen sowie ohne Formschrägen u. Ausrundungen gezeichnet.

34. Kernmarken, die das Abteilen der Form (Abschn. 46) **bzw. Kernstücke ersparen. a)** Vergrößerung der Kernmarke bis zur Teilungsebene (Bilder 165 u. 166). Der Arbeitsunterschied, ob Modell und Kernkasten mit oder ohne eine solche Vergrößerung ausgeführt werden, ist sehr geringfügig; für die Gießerei jedoch ist die Ausführung mit x von großem Vorteil.

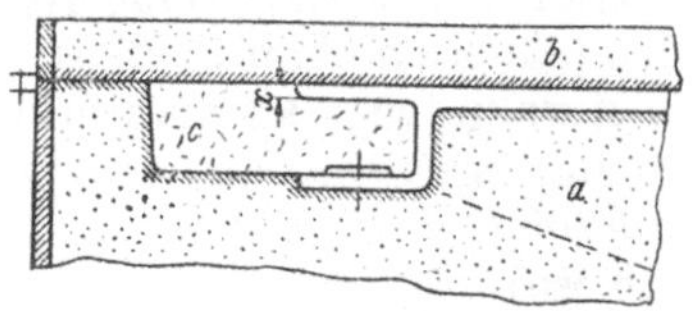

Bild 165. Teil einer Form

a Unterkasten; b Oberkasten; c Kern; x Vergrößerung der Kernmarke

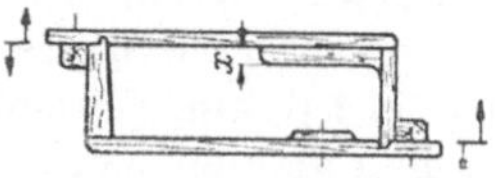

Bild 166. Kernkasten zu Bild 165

b) Auszug- oder Schleifmarken. Kerne, die man nur mittels Kernstücken einlegen könnte — um so Platz zum Einlegen des Kernes zu gewinnen — müssen am Modell mit Auszugmarken versehen werden (Bilder 167···175). Der Kernkasten (Bild 169) kann auch nach $A-B$ geteilt werden. Auszugmarken werden nur dort schwarz gestrichen (Bilder 168 u. 173), wo der Hohlraum laut

Werkzeichnung vorgeschrieben ist (50 mm Dmr. bzw. die beiden Rechtecke), der restliche Teil wird schwarz schraffiert (s. Tab. 4, S. 10).

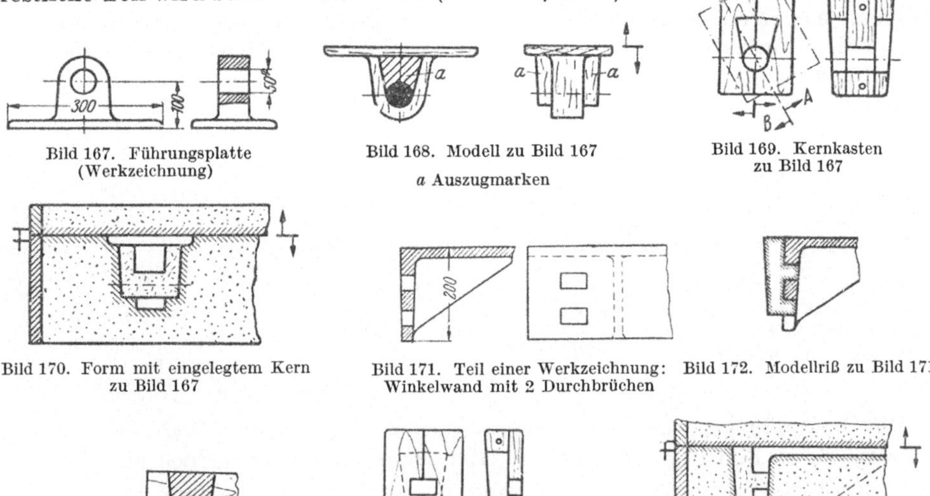

Bild 167. Führungsplatte (Werkzeichnung)

Bild 168. Modell zu Bild 167
a Auszugmarken

Bild 169. Kernkasten zu Bild 167

Bild 170. Form mit eingelegtem Kern zu Bild 167

Bild 171. Teil einer Werkzeichnung: Winkelwand mit 2 Durchbrüchen

Bild 172. Modellriß zu Bild 171

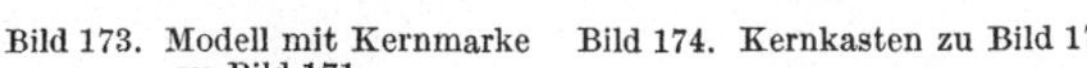

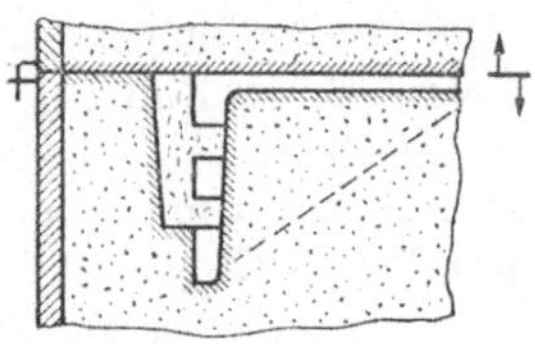

Bild 173. Modell mit Kernmarke zu Bild 171

Bild 174. Kernkasten zu Bild 171

Bild 175. Form zu Bild 171

35. Seitliche Durchbrüche. Seitliche Durchbrüche können nach den Bildern 176 bis 187 ausgeführt werden. Der Nachteil nach Bild 177, Teilung nach T_1, liegt

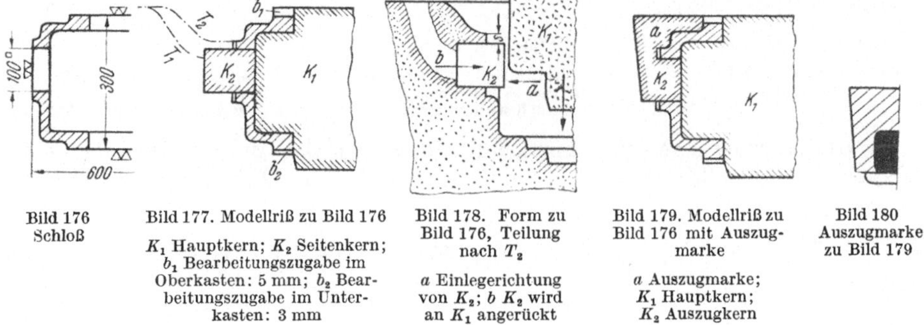

Bild 176 Schloß

Bild 177. Modellriß zu Bild 176
K_1 Hauptkern; K_2 Seitenkern; b_1 Bearbeitungszugabe im Oberkasten: 5 mm; b_2 Bearbeitungszugabe im Unterkasten: 3 mm

Bild 178. Form zu Bild 176, Teilung nach T_2
a Einlegerichtung von K_2; *b* K_2 wird an K_1 angerückt

Bild 179. Modellriß zu Bild 176 mit Auszugmarke
a Auszugmarke; K_1 Hauptkern; K_2 Auszugkern

Bild 180 Auszugmarke zu Bild 179

darin, daß die Form zu tief abgeteilt werden muß, um den Kern einlegen zu können. Wird nach T_2 geteilt, dann muß der Kern seitlich in Richtung *a* eingelegt werden (Bild 178). Damit jedoch K_2 beim Einlegen von K_1 nicht abgestoßen wird, wird K_2 etwas abgerückt und erst nach dem Einlegen von K_1 durch Ausgraben der Form in Richtung *b* wieder angerückt. Ist der Formsand bei *s* zu schwach, dann muß nach T_1 geteilt, oder nach Bild 179 bzw. nach den Bildern 182 und 183 vorgegangen werden. Nachteil nach Bild 179: Die Form der Auszugmarke läßt eine stark sichtbare Gußnaht zurück, da Auszugkern und Modellform beim Einlegen von K_2 nie genau übereinstimmen können. Der Nachteil nach den Bildern 182 und 183: Kern und Form können beim Einlegen des Kernes beschädigt werden. Die zweckmäßigste Ausführung zeigt Bild 181 mit Innenkern. Die innen auftretende Gußnaht ist unwesentlich. Der Innenkern kann auch die Richtung nach R_2 bekommen, man wählt aber bei gleicher Formbedingung immer die niedere Seite, also nach R_1. Ist der Abstand zwischen T_1 und T_2 gering, dann wird die Form nach T_1 geteilt, weil man sich einen losen Modellteil erspart. Bei größerem Abstand teilt man nach T_2, um die Form nicht zu tief abteilen zu müssen, die Paßfläche muß dann aber lose zum Hineinziehen vorgerichtet werden (Abschn. 47).

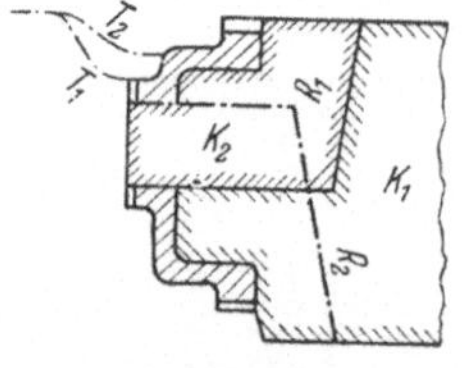

Bild 181. Modellriß zu Bild 176 mit Innenkern

K_1 Hauptkern; K_2 Innenkern

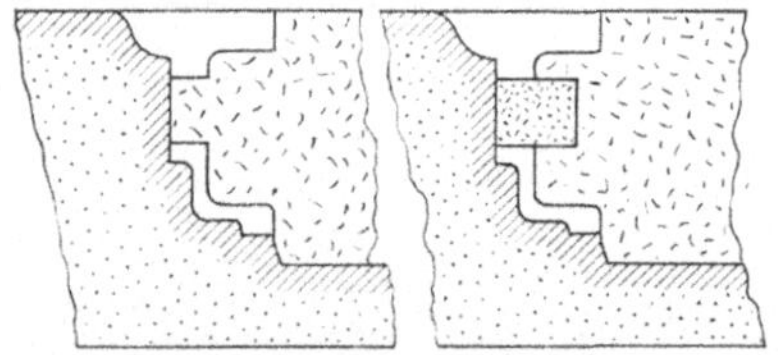

Bild 182. Form zu Bild 176. Durchbruch- u. Hauptkern in einem Stück

Bild 183 Kern in Kern

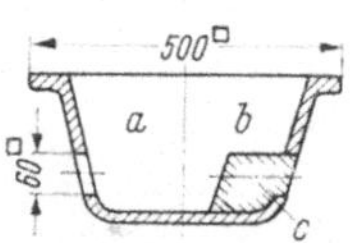

Bild 184. Wanne

a Werkzeichnung; *b* Modellriß; *c* Auszugkernmarke für seitlichen Durchbruch (s. auch Bilder 167···170)

Ein Anwendungsbeispiel für einen seitlichen Durchbruch (Bild 184) ist nach Art von R_2 in Bild 181 auszuführen. Der Hauptkern wird jedoch als „Natur“-Kern gestaltet. Kernkasten und Form siehe Bilder 185···187.

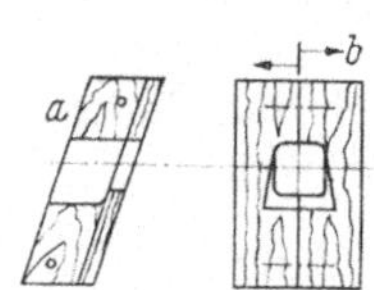

Bild 185. Kernkasten

a Kernkastenhälfte; *b* Kernkastenteilung

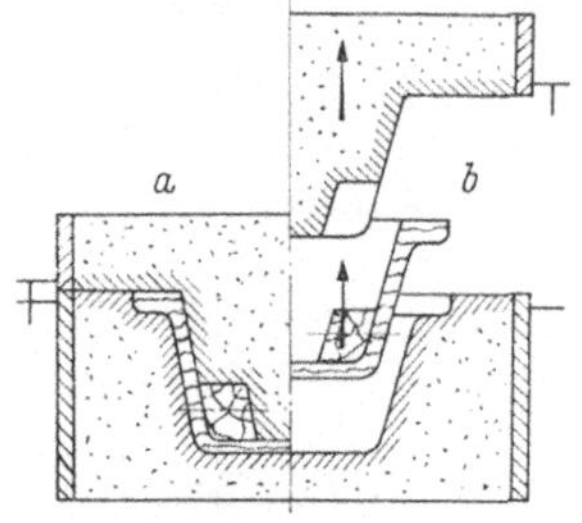

Bild 186. Form

a eingeformtes Modell; *b* Oberkasten wird mit Modell abgehoben, Modell wird entfernt

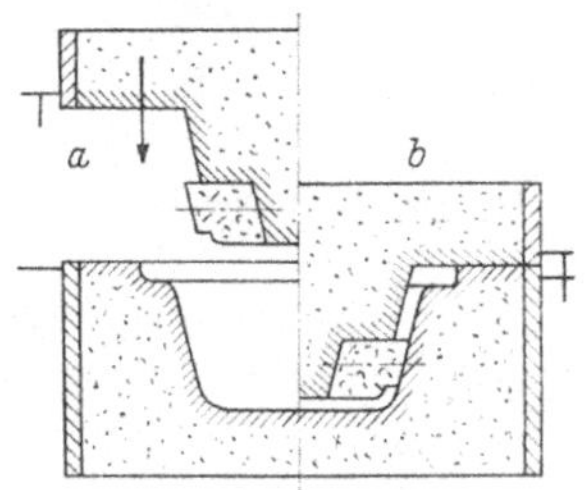

Bild 187. Form

a Oberkasten mit eingelegtem Kern wird zugesetzt (Kern in Kern); *b* Zusammengestzte Form

36. Kerndurchbrüche und Ausheberichtung. a) Das in Bild 188 als e r s t e s B e i s p i e l dargestellte G e h ä u s e m i t e i n s e i t i g e m D u r c h b r u c h muß auf

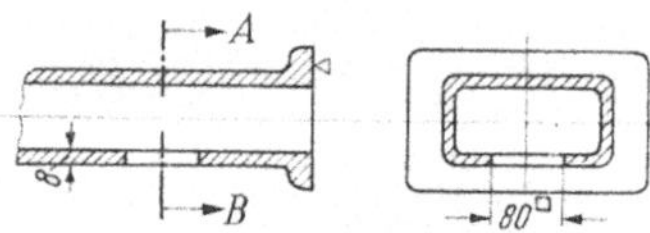

Bild 188. Gehäuse

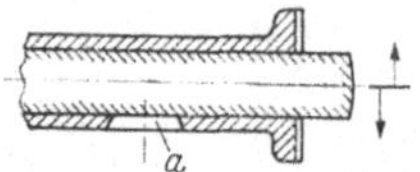

Bild 189. Modellriß

a Natur am Modell ausgestochen. Für kleine Durchbrüche bis 10 mm Wandstärke

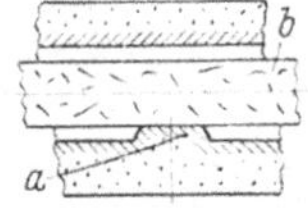

Bild 190. Form zu Bild 189

a ausgeformter Durchbruch mit Formschräge 1 : 10; *b* Hauptkern

Grund der Gesamtkonstruktion liegend geformt werden. Dabei ergeben sich dann die folgenden, unter 1···6 näher erläuterten Möglichkeiten.

1. „Natur“ geformt (Bilder 189 u. 190).
2. Mit „Kernmarke am Modell“ geformt (Bilder 191 u. 192).
3. Mit „Kernmarke im Kernkasten“ geformt (Bild 193).
4. „Natur im Kernkasten“ geformt (Bild 194).

Die Formen 3 und 4 (Bilder 193 u. 194) ergeben eine ungenaue Lage des Durchbruches zur Außenform des Gußstückes, da der Durchbruch von der Lage des Hauptkerns abhängig ist.

5. Durchbruchkern mit Hauptkern in einem Stück (Bild 195).

Die 5. Ausführung ist schlecht, da sich der Former beim Einlegen des Kerns nach dem seitlichen Kernmarken *b* und *zugleich* nach der unteren Kernmarke *a* richten muß; Kern- und Formsand werden abgestreift.

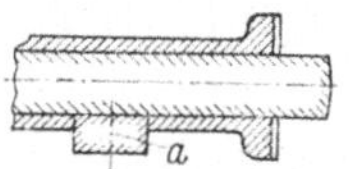

Bild 191. Modellriß zu Bild 188

Ausführung mit Kern *a* für große Durchbrüche und dort, wo ein paralleler Durchbruch verlangt wird

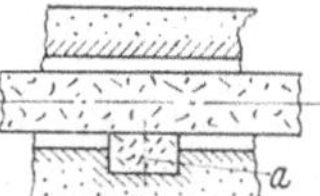

Bild 192. Form 2 zu Bild 188

a Durchbruchkern

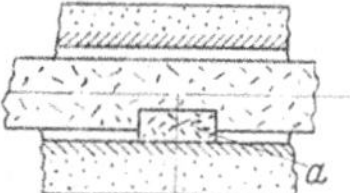

Bild 193. Form 3 zu Bild 188

a Kernmarke im Hauptkern angebracht

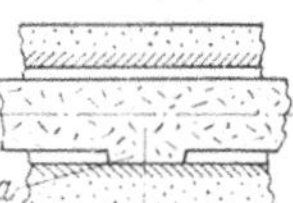

Bild 194. Form 4 zu Bild 188

a „Natur" im Hauptkern ausgeführt

6. Sollen *Abrundungen beim Durchbruch* ausgeformt werden, dann kann nach den Bildern 196 und 197 vorgegangen werden.

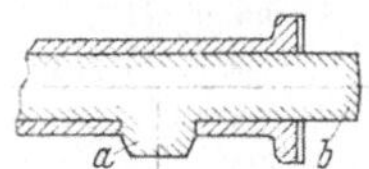

Bild 195. Modellriß

a Kernmarke für den Durchbruch; *b* Kernmarke für den Hauptkern

Welche der unter 1···6 angegebenen Ausführungen jeweils in Betracht kommt, entscheiden die Größe und Gesamtkonstruktion des Gußstückes sowie die Güteklasse.

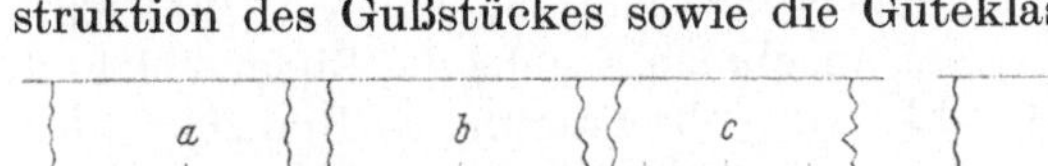

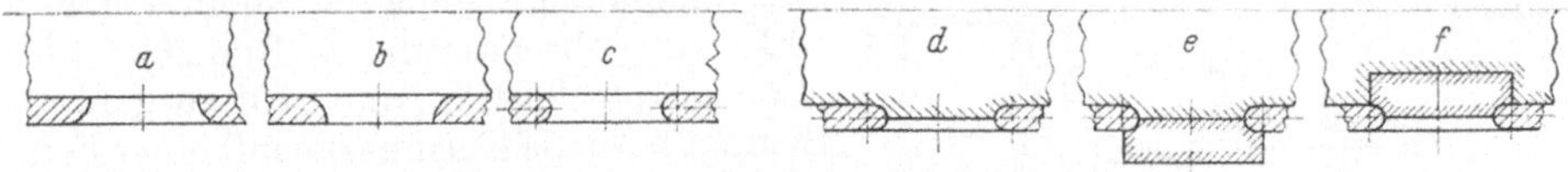

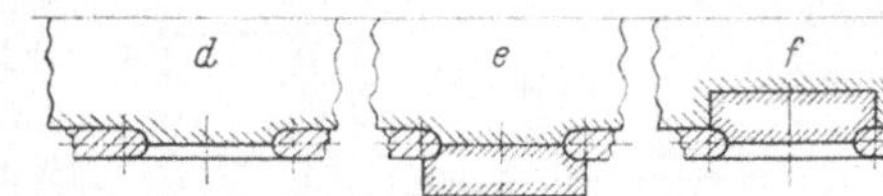

Bilder 196 u. 197. Abrundungen beim Durchbruch

Bild 196. *a* Außen abgerundet, Abrundung am Modell gemäß den Bildern 189 und 190 ausführen; *b* innen abgerundet Abrundung im Kernkasten gemäß Bild 194 ausführen; *c* ganz abgerundet (Bild 197)

Bild 197. *d* halbe Abrundung am Modell, halbe Abrundung im Kernkasten; *e* halbe Abrundung im Kernkasten, halbe Abrundung im Durchbruchkern mit Kernmarke am Modell; *f* halbe Abrundung am Modell, halbe Abrundung im Durchbruchkern, dieser mit Kernmarke im Hauptkern

b) Zweites Beispiel: Gegenüberliegende Durchbrüche (Bild 198). 1. Für *niedere Formen* können die Kernmarken am Modell wegfallen, die Kernmarke wird im Kernkasten auf die ganze Kernhöhe gesetzt, somit ist für beide Durchbrüche nur ein Kernkasten und ein Kern erforderlich, auch ist die genaue Gegenlage der Durchbrüche gesichert (Bilder 199···201).

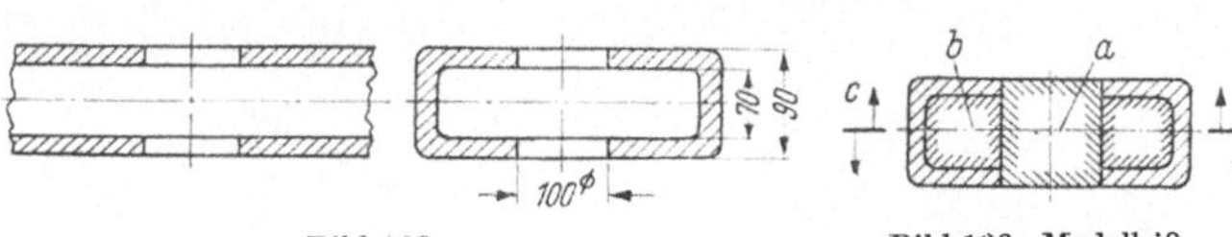

Bild 198

Bild 199. Modellriß

a Durchbruchkern; *b* Hauptkern; *c* Modellteilung

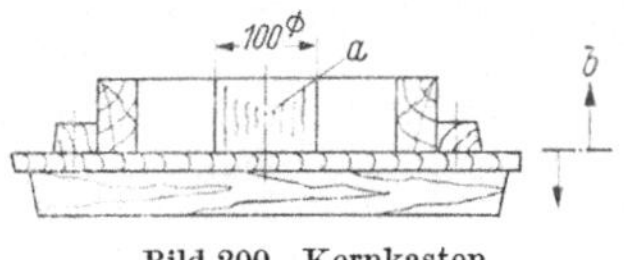

Bild 200. Kernkasten

a Kernmarke, die Umfläche wird schwarz lackiert, da die Stirnflächen nicht frei liegen; *b* Kernkastenteilung, an Stelle der Hohlkehlen werden schwarze Striche gezogen (s. Abschn. 71, letzter Absatz)

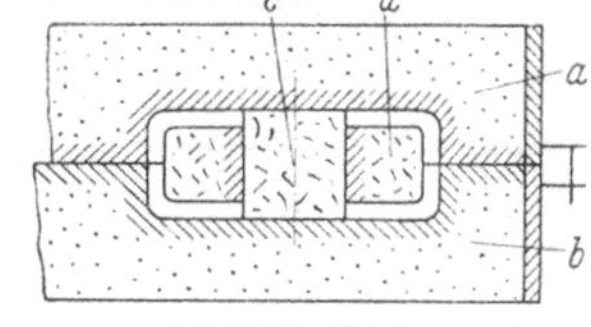

Bild 201. Form

a Oberkasten; *b* Unterkasten; *c*, *d* Kern in Kern

2. Bei *höheren Formen* (Bilder 202 u. 203) müssen Ober- und Unterkastenkernmarken gesetzt werden, auch kann gemäß den Bildern 193 und 194 vorgegangen werden.

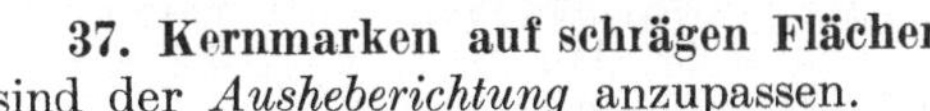

37. Kernmarken auf schrägen Flächen sind der *Ausheberichtung* anzupassen.

a) Für runde Kernmarken zeigen die Bilder 204···208 ein Beispiel. Oft

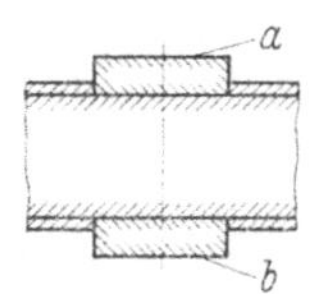

Bild 202. Modellriß für hohe Formen

a, *b* Kernmarken

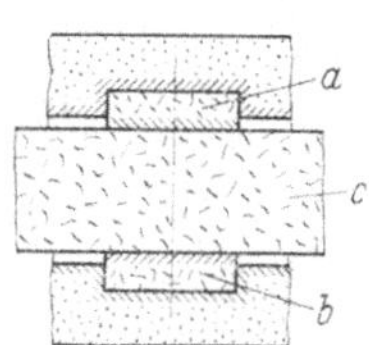

Bild 203. Form

a, *b* Durchbruchkerne; *c* Hauptkern

besteht die Möglichkeit, daß man solche Durchbrüche bei *Kernmodellen* mit dem Hauptkern („Natur“-Kern) ausführen kann (Bild 207) oder auch mittels Kern im Hauptkern (Bild 208).

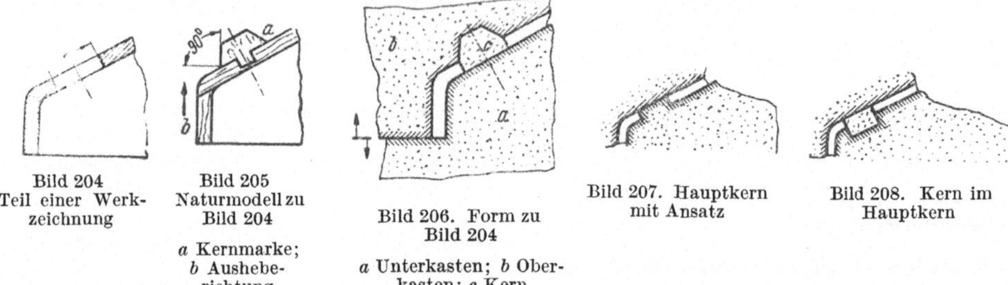

Bild 204 Teil einer Werkzeichnung

Bild 205 Naturmodell zu Bild 204
a Kernmarke; *b* Ausheberichtung

Bild 206. Form zu Bild 204
a Unterkasten; *b* Oberkasten; *c* Kern

Bild 207. Hauptkern mit Ansatz

Bild 208. Kern im Hauptkern

b) Für eckige Kernmarken. Jener Teil, welcher „hinter sich“ gehen würde, wird in der Ausheberichtung abgeschrägt, wenn es sich um eine *fest* angebrachte Kernmarke handelt (Bild 209), *lose* angebrachte siehe die Bilder 211 und 212. Die Abschrägung *e* (Bild 209) wird auch im Kernkasten (Bild 210) ausgeführt. Schrägt man die Kernmarke mit einer Feinsäge ab, so kann das abgesägte Stück im Kernkasten verwendet werden; wenn notwendig, muß man es dann um die Schnittdicke versetzen. Wenn Kernmarken *auf schrägen Flächen abnehmbar* angeordnet sind (s. „Lose Modellteile“, Abschn. 47),

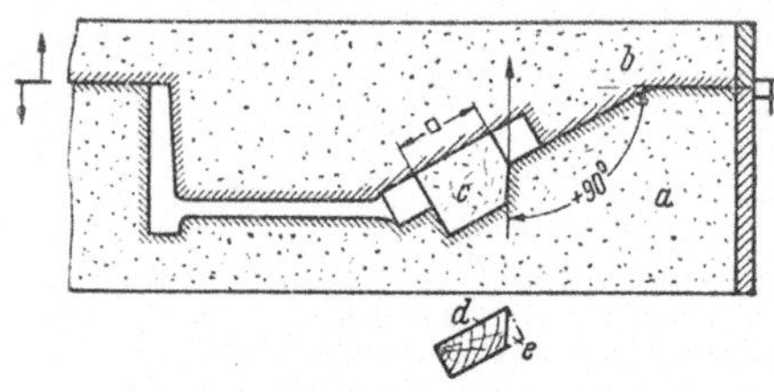

Bild 209. Teil einer Form
a Unterkasten; *b* Oberkasten; *c* Kern; *d* Kernmarke
e Abschrägung

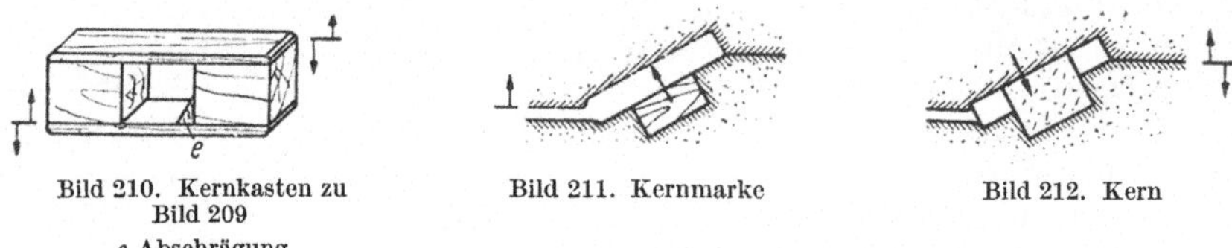

Bild 210. Kernkasten zu Bild 209
e Abschrägung

Bild 211. Kernmarke

Bild 212. Kern

dann wird die Kernmarke schräg aus der Form gezogen (Bild 211), nachdem erst das Modell entfernt ist, und nachher in derselben Richtung der Kern eingelegt (Bild 212).

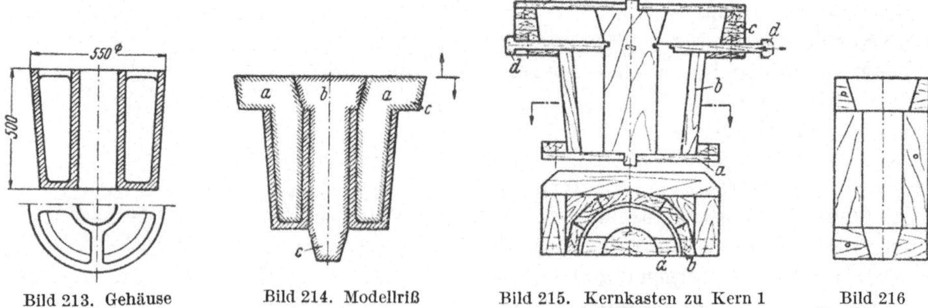

Bild 213. Gehäuse (Werkzeichnung)

Bild 214. Modellriß
a Kern 1; *b* Kern 2; *c* Kernmarken

Bild 215. Kernkasten zu Kern 1 (Bild 214)
a Leisten statt Böden, zwecks Holzersparnis; *b* Daubenverleimung (Abschn. 26 u. 27); *c* Ringverleimung; *d* Rippen

Bild 216 Kernkasten zu Kern 2

Ob die eine oder die andere Ausführung in Betracht kommt, entscheidet die Gesamtausführung in bezug auf die Güteklasse, bzw. bei gleichbleibender Güte entscheidet die Leitung der Modell- und Gießereiwerkstätte. Eine gute Zusammenarbeit zwischen beiden Werkstätten ist besonders wichtig, denn das Modell wird für die Gießerei angefertigt, daher ist auch deren Leitung für die Ausführung in erster Linie maßgebend.

38. Verbundene Kernmarken. Verbindet eine Kernmarke mehrere Kerne, so spricht man von verbundenen Kernmarken (z. B. Bilder 213···216). In dem Kernkasten (Bild 215) werden zwei halbe Kerne angefertigt und diese aufeinander geschwärzt.

39. Kern in Kern. Wenn ein Kern in einen anderen Kern eingreift, so nennt man diese Art „Kern in Kern". Der Hauptkernkasten muß mit den Kernmarken, die die anderen Kerne zu halten und zu führen haben, versehen sein. Zuerst wird K_1 eingelegt, dann K_2. Auch können die Kerne außerhalb der Form zusammengesteckt und gemeinsam in die Form eingelegt werden, wenn die Kerne einzeln schlecht oder gar nicht in die Form einzulegen sind (Bilder 217···221).

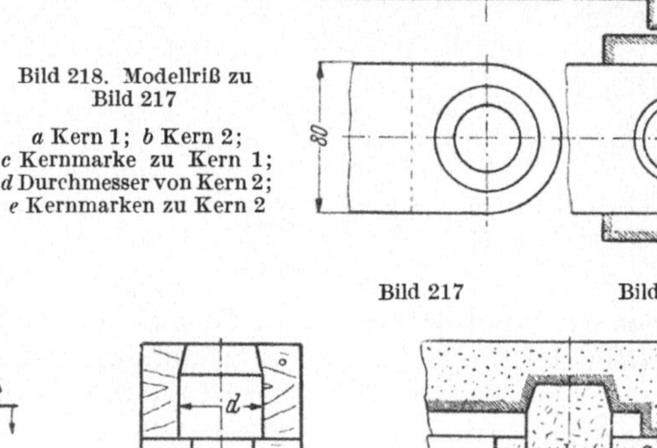

Bild 217 Teil einer Werkzeichnung

Bild 218. Modellriß zu Bild 217

a Kern 1; *b* Kern 2; *c* Kernmarke zu Kern 1; *d* Durchmesser von Kern 2; *e* Kernmarken zu Kern 2

Bild 217 Bild 218

Bild 219. Kernkasten für Kern 1
d Kernmarke (Durchmesser) für Kern 2

Bild 220. Kernkasten für Kern 2
d Kerndurchmesser

Bild 221. Form zu den Bildern 217···220
a Kern 1; *b* Kern 2

40. Kernsicherungen. Besteht eine Möglichkeit, daß man einen Kern auf verschiedene Arten in die Form einlegen kann, und muß dieser Kern zur Modellform in einer bestimmten Richtung liegen, so muß seine richtige Lage gesichert werden. Man verwendet für allgemeine Arbeiten Abschrägungen (Bild 222), für genaue Arbeiten Ausschnitte (Bild 223) oder Nasen (Bild 224). Bild 225 zeigt das Einlegen der Kerne. Auch können *ungleich* ausgeführte *Kernmarkenlängen* ein falsches Einlegen der Kernes verhindern, wie das Bild 226 zeigt. Die ungleichen Bohrungslängen *a* und *a'* bedürfen keiner Kernsicherung, wenn man die Längen der Kernmarken entsprechend bemißt. Ist jedoch zwischen *a* und *a'* ein zu großer Unterschied, dann empfiehlt

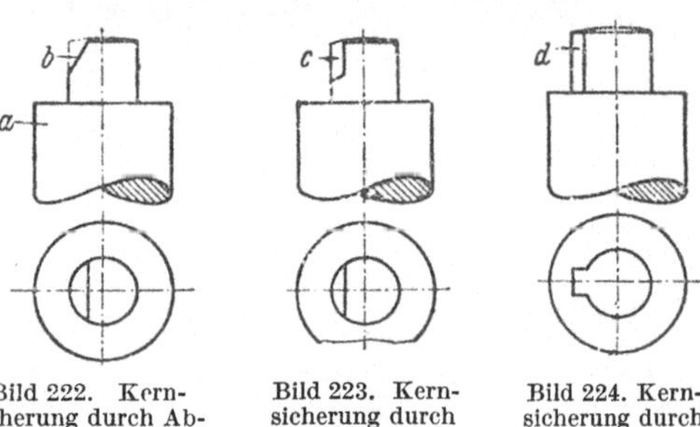

Bild 222. Kernsicherung durch Abschrägung
a Modell; *b* Abschrägung der Kernmarke

Bild 223. Kernsicherung durch Ausschnitt *c*

Bild 224. Kernsicherung durch Nase *d*

sich eine Kernsicherung, weil die Kernmarke sonst auf der einen Seite zu lang und auf der andern Seite zu kurz ausfallen würde.

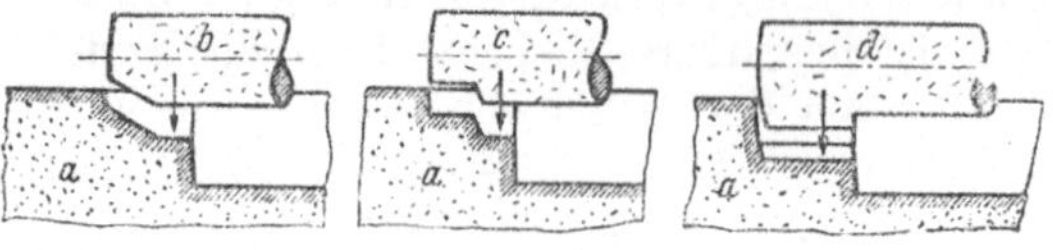

Bild 225. Einlegen der Kerne

a Unterkasten; *b* Kern mit Abschrägung; *c* mit Ausschnitt; *d* mit Nase

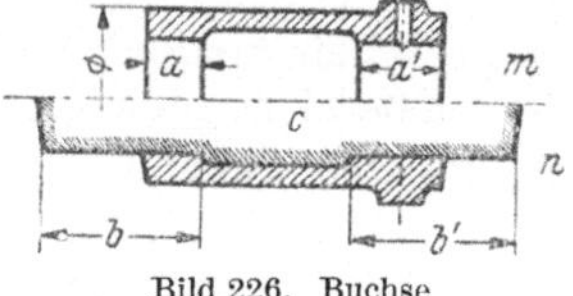

Bild 226. Buchse

m Werkzeichnung; *n* Modellriß; *c* Kern; *a* und *a'* ungleiche Bohrungslängen; *b* u. *b'* gleich lange Kernenden

41. Krümmerkerne. Krümmerkerne senken sich leicht auf der Bogenseite, wenn sie in der Form liegen. Um Kernstützen und Arbeitszeit zu ersparen und eine gleichmäßige Wandstärke zu garantieren, sind solche Gußstücke kombiniert

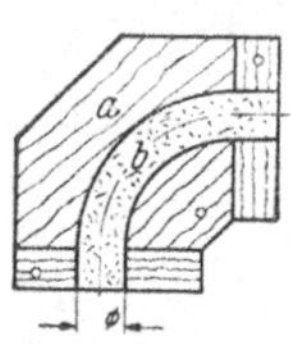

Bild 227. Krümmerkern in Kernkastenhälfte

a Kernkasten; *b* Kern

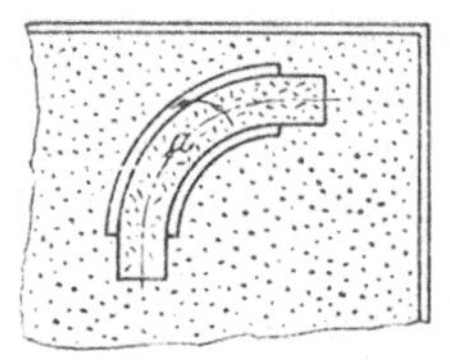

Bild 228. Krümmerkern in der Form

a Kern

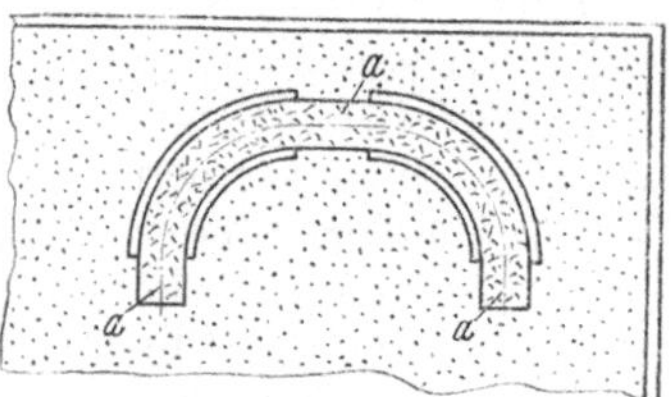

Bild 229. Form für zwei Krümmer mit einem Kern

a Kernauflagen

zu zweien oder zu vieren herzustellen. Modelle und Kernkästen sind entsprechend anzuordnen (Bilder 227···233). Kleine Krümmerkernkästen bis 25 mm Durchgang werden aus einem Stück gefertigt, der Hohlraum wird ausgestochen, wobei zwei Schablonen als Arbeitsbehelf dienen (Bilder 230···232). Größere Kernkästen werden ausgedreht, radial zerschnitten und zusammengebaut. Wird nur ein Krümmerkernkasten von 90° oder weniger

Bild 230 Schablone zum Vorarbeiten

f Fase

Bild 231. Schablone zum Nacharbeiten bzw. kann man auch eine gedrehte, abgefaste Scheibe zum Nacharbeiten als Schablone verwenden

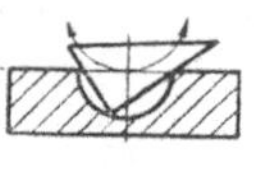

Bild 232. Kernkasten-Kontrolle mit dem rechtwinkligen Dreieck

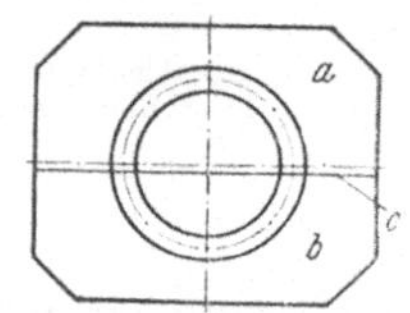

Bild 233. Ausgedrehter Krümmerkernkasten

a Modellholzhälfte + 180°; *b* Abfallholzhälfte −180°; *c* Leimfuge

gebraucht, dann werden aus Holzersparnisgründen zum Ausdrehen zwei Holzhälften verleimt, eine aus gutem Modellholz für den Kernkasten und eine aus Abfallholz, die nicht verwendet wird. Die Leimfuge ist um 5 mm aus dem Mittel zu nehmen, um Holz für die Schnittdicke zu belassen (Bild 233). Ist eine Fräsmaschine vorhanden, dann werden alle Größen gefräst.

Beispiel: Gehäuse mit Krümmerkern (Bilder 234···242). Bei solchen Formen hat der Konstrukteur keine Möglichkeit, durch eine andere Konstruktion die formtechnischen Schwierigkeiten zu umgehen. Es muß daher bei der Modellanfertigung Sorge getragen werden, daß der Former ohne Kernstücke mit einer zweiteiligen Form auskommt. Die Anwendung von losen Modellteilen (s. Abschn. 47) kommt nicht in Betracht, daher muß bei solchen Formen die „hinter sich" gehende Stelle (Bild 235: K_2) mit einer Kernmarke *unterbaut* werden. Die Kernmarke geht genau bis zur Krümmermitte, somit ist eine Krümmermodellhälfte am Modell, die andere im Kernkasten anzubringen. Damit aber die beiden

Krümmerhälften im Guß genau übereinstimmen, werden beide Hälften in der Teilung *a—b* (Bild 236) behelfsmäßig an kleinen Stellen verleimt (dabei mit Papier oder Öl isoliert, um sie nach Fertigstellung wieder trennen zu können) und dann *gemeinsam* als ein Stück gearbeitet. Je eine Hälfte findet nachher am Modell und im Kernkasten Verwendung.

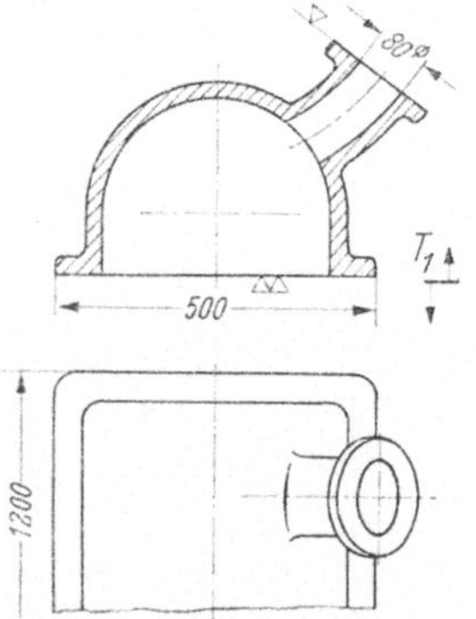

Bild 234. Gehäuse mit Krümmer

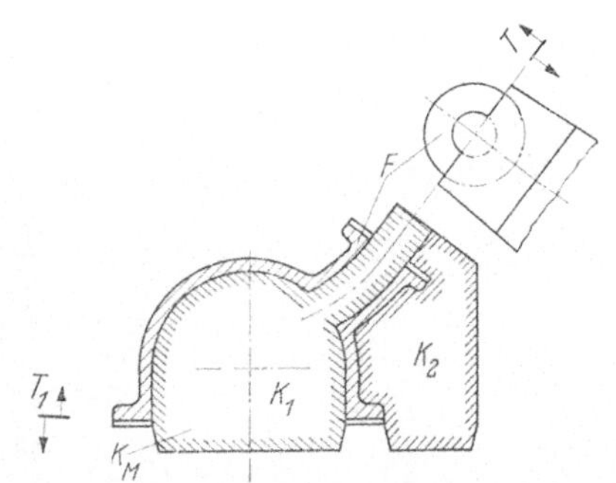

Bild 235. Modellriß zu Bild 234

K_1 Hauptkern; K_2 Hilfskern; T Teilung zwischen Hilfskern und Modell = Krümmermitte; T_1 Formteilung; *KM* abnehmbare Kernmarke; *F* Flansch

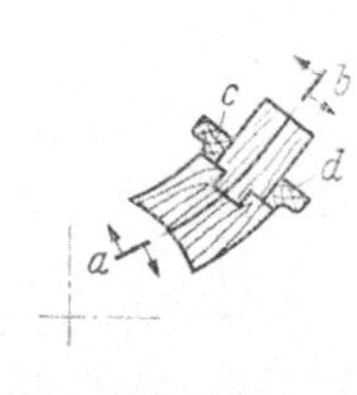

Bild 236. Krümmermodell

a—b Krümmerteilung; *c* lose Flanschhälfte auf Krümmerhälfte für das Modell; *d* feste Flanschhälfte für den Hilfskern

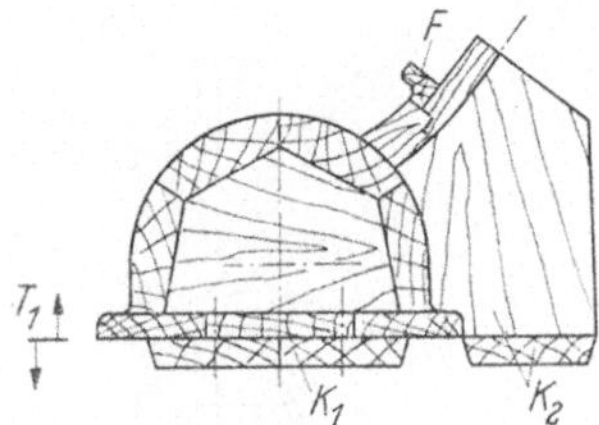

Bild 237. Modell

K_1 abnehmbare Kernmarke für Hauptkern; K_2 Kernmarke für Hilfskern; *F* abnehmbare Flanschhälfte; T_1 Teilung

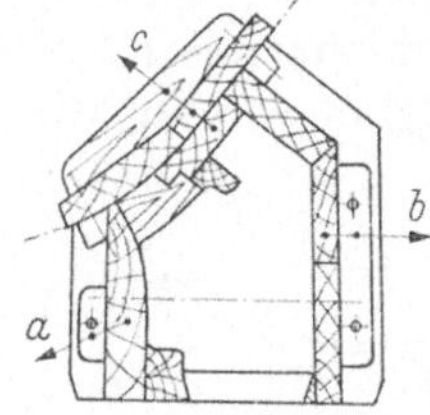

Bild 238. Kernkasten für Hilfskern. Die Kernkastenwände werden in der Folge *a—b—c—* auseinandernehmbar angeschraubt

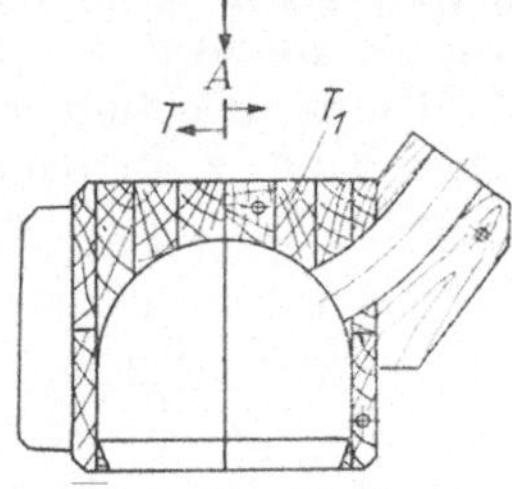

Bild 239. Hauptkernkasten

T Teilungsebene; T_1 Teilung durch die Krümmerform

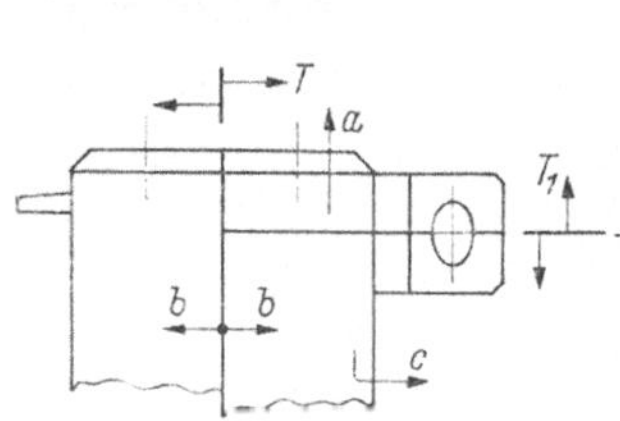

Bild 240. Ansicht Bild 239 in Richtung „*A*". Der Kernkasten wird in der Folge *a—b—c* auseinandergenommen

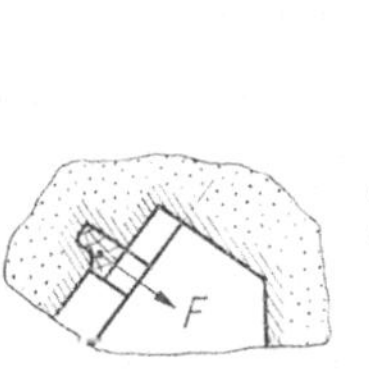

Bild 241. Halbflansch *F* wird aus der Form entfernt

Bild 242. Form mit eingelegten Kernen

42. Schlagkern mit Metallkernkasten. Für Kerne, die man im ganzen nur schwer oder gar nicht anstampfen kann, ist die Vorrichtung eines Schlagkernes von großem Vorteil, vorausgesetzt, daß keine Kernblasmaschine vorhanden ist. Die Bilder 243···245 zeigen den Arbeitsgang mit Schlagkern. Der Metallkernkasten ist aus Schwermetall, der Rahmen ist aus Leichtmetall auszuführen. Für beide sind daher Muttermodelle anzufertigen (s. Abschn. 70). Der Arbeitsgang bei der Kernherstellung ist kurz folgender: Die untere Kernkastenhälfte wird aufgestampft, abgestreift, Kerneisen und Wachsschnüre gelegt. Dann wird der Rahmen aufgelegt (Bild 244) und der trapezförmige Sandquerschnitt aufgestampft. Der Rahmen wird sodann abgehoben und der trapezförmige Sandquerschnitt wird zum halbkreisförmigen Querschnitt geschlagen oder gepreßt (Bild 245). Weiter wird der Kern auf eine gußeiserne Gegenform mit Sandbett ausgekippt und getrocknet. Dieser Arbeitsgang kommt naturgemäß nur bei Massenerzeugung in Betracht.

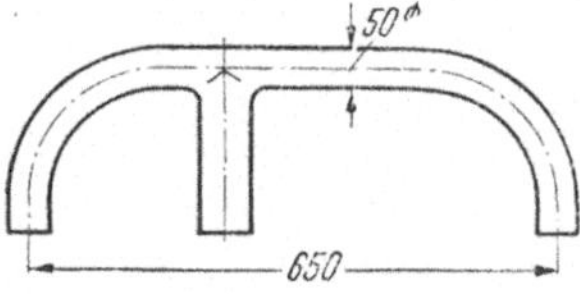

Bild 243. Kernform

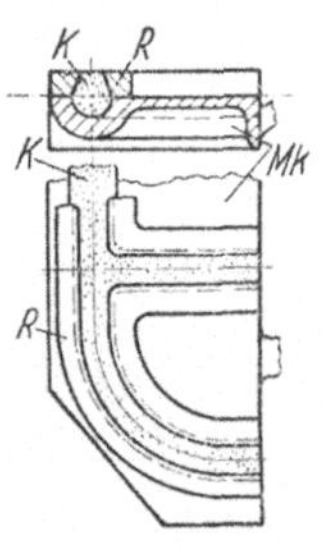

Bild 244. Untere Metallkernkastenhälfte mit Metallrahmen

Mk Metallkernkasten; *R* Rahmen; *K* Kern

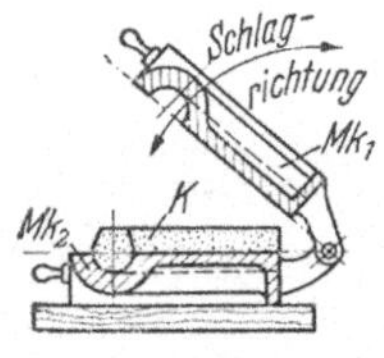

Bild 245. Schlagkernvorrichtung

Mk_1 obere Kernkastenhälfte; Mk_2 untere Kernkastenhälfte; *K* Kern

43. Geteilte Kerne. Wird der Modellriß eines Kernmodells aufgerissen, dann muß dabei festgestellt werden, ob die Kerne auch praktisch in die Form eingelegt werden können. Ist dieses nicht der Fall, dann müssen die Kerne so geteilt werden, daß man sie nacheinander einlegen kann, z. B. bei Zylinderguß, wie die Bilder 246···251 zeigen.

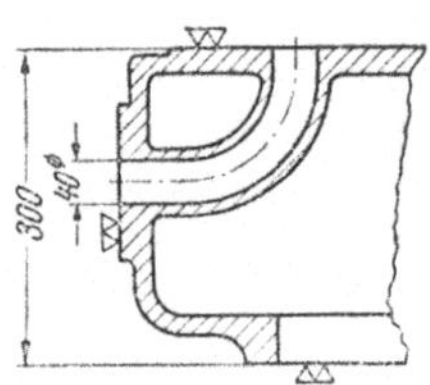

Bild 246. Teil einer Werkzeichnung

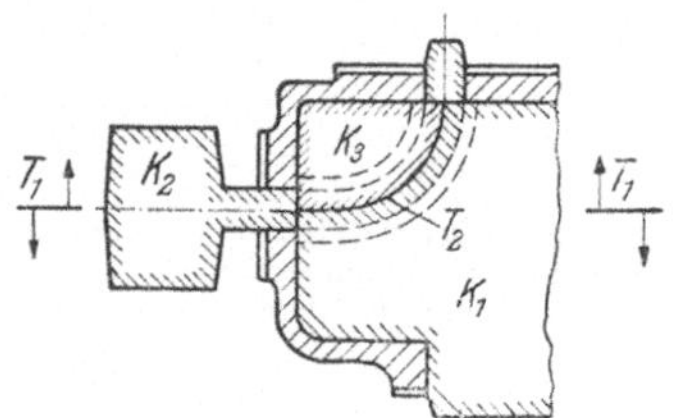

Bild 247. Modellriß zu Bild 246

K_1 Hauptkern; K_2 Krümmerkern; K_3 abgeteilter Kern von K_1; T_1 Modellteilung T_2 Kernteilung

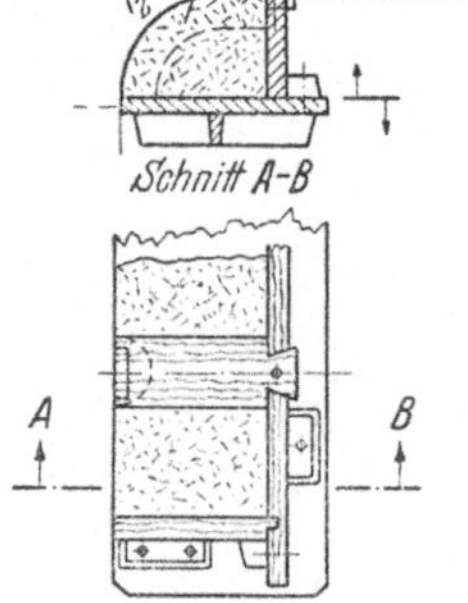

Bild 248. Abgeteilter Kern im Kernkasten

T_2 Kernteilung; K_3 abgeteilter Kern

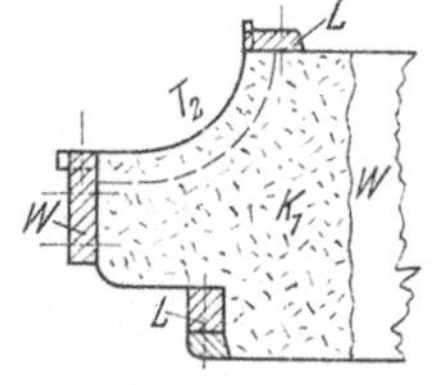

Bild 249. Hauptkern im Kernkasten

W Kernkastenwände, die anderen Flächen bleiben offen zum Abstreifen, bei Kernkanten sind dafür immer Leisten anzudübeln oder anzuschrauben; *L* Leisten; T_2 Kernteilung

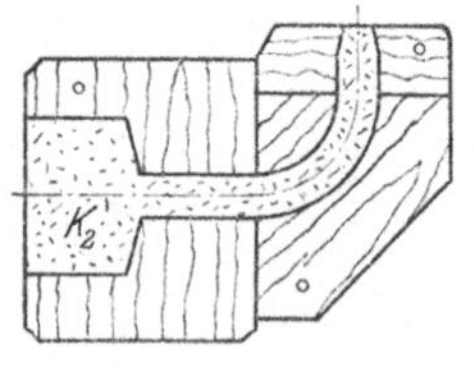

Bild 250. Krümmerkern im Kernkasten

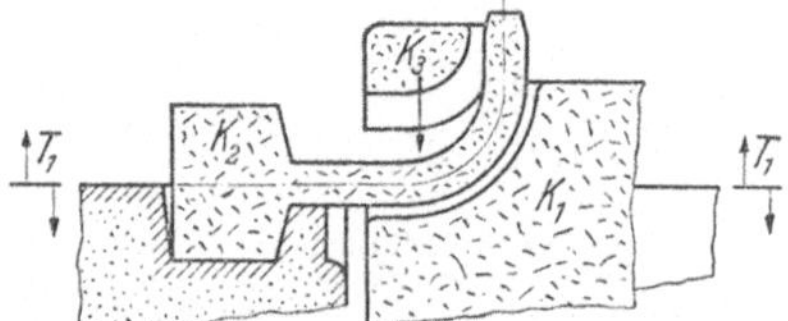

Bild 251. Form. Zuerst wird K_1, dann K_2 u. K_3 eingelegt; T_1 Form- bzw. Modellteilung

D. Verschiedenartige Modelle

Geteilte Modelle erleichtern dem Former die Arbeit, d. h. er braucht sich die notwendige Teilung der Form nicht selbst zu suchen. Oft besteht keine Möglichkeit, Modelle zu teilen, z. B. wenn sie dünnwandig sind oder ihre Haltbarkeit beeinträchtigt würde.

44. Geteilte Modelle. Das Modell einer Walze (Bild 252) wird nach *a—a* und *b—b* oder nach *c—c* und *d—d* geteilt. Die Modellhälften werden mit Dübeln *m* versehen. Ähnlich liegen die Verhältnisse bei Bild 253. Hier wird radial geteilt. Die Teile *a* und *b* werden in Pfeilrichtung *1* und *2* aus der Form herausgezogen, dann *3* und *4*. Die Verbindung der Modellteile (Bilder 252 und 253) (Teilung *a—a*, *b—b*, *c—c*, *d—d* oder Richtung *1*, *2*, *3* u. *4*) kann erfolgen:

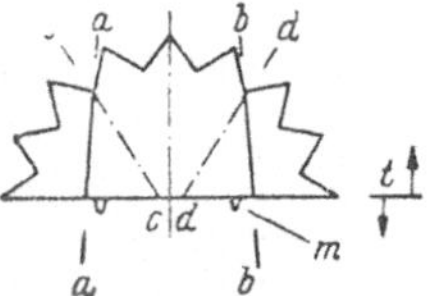

Bild 252. Profilwalze

t Teilung der Modellhälften und der Form; *m* Dübel

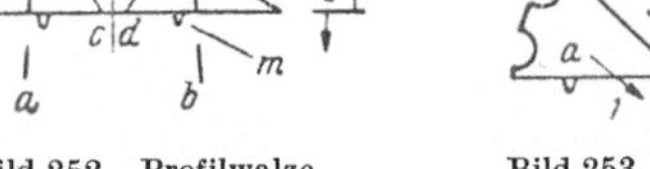

Bild 253. Wie Bild 252

a) Durch Schwalbenschwanzführung (Abschn. 47),

b) durch Eisenplatten mit Holzschrauben.

Träger, Ständer oder ähnliche Teile, bei denen eine schwache Mittelwand in der Teilungsebene vorliegt, werden, um die Haltbarkeit des Modelles nicht zu beeinträchtigen, geteilt, wie Bild 254 zeigt. In solchen Fällen entsteht eine abgesetzte Teilung: Stegmitte mit Kernmarke — und oberer Teil der Rippen. Um aber in der Form die Abrundung zu erhalten, schneidet der Former die Teilung im Formsand um das Maß *a* niedriger.

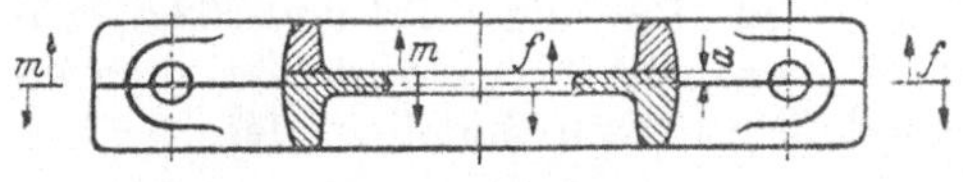

Bild 254. Lagerfuß

m Modellteilung; *a* Absatz in der Modellteilung; *f* Formteilung

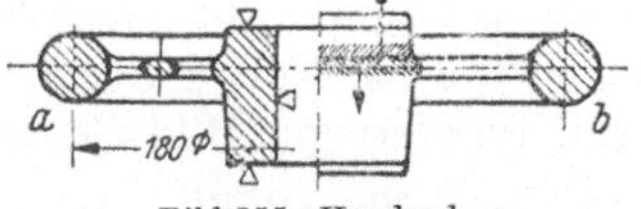

Bild 255. Handrad

a Werkzeichnung; *b* Modellriß

Modelle wie das Handrad (Bilder 255 u. 256) werden nur bei den Naben geteilt. *Merke*: *Niedere* Naben für das *Oberteil* vorrichten, Modellteile, die in das *Oberteil* zu liegen kommen, immer *abnehmbar* anordnen!

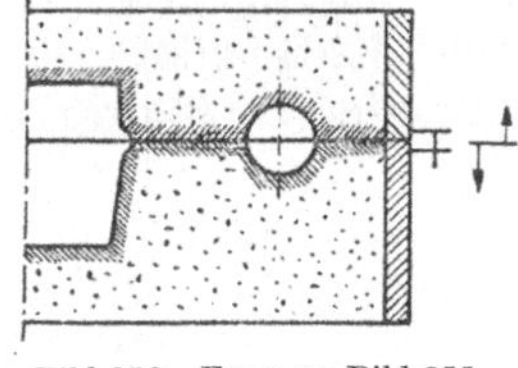

Bild 256. Form zu Bild 255

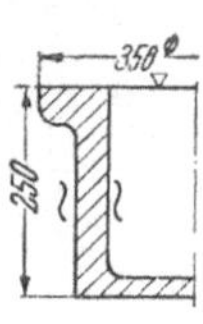

Bild 257 Kappe

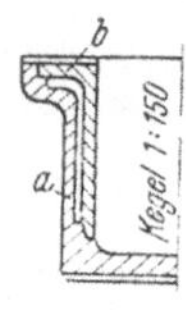

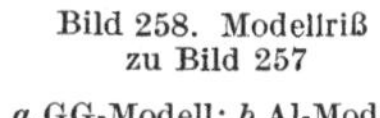

Bild 258. Modellriß zu Bild 257

a GG-Modell; *b* Al-Modell

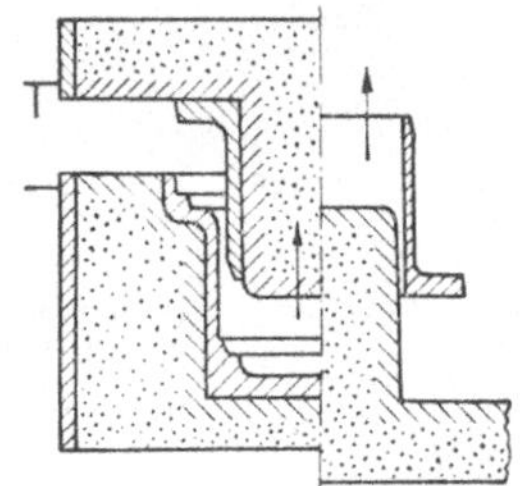

Bild 259. Form. Abheben des Oberkastens mit dem Al-Modell, die Kegelführung erlaubt ein leichtes Ausheben; Rechts: gewendeter Oberkasten und Entfernen des Al-Modelles

45. Zylindrische Teilungen (Bilder 257···259) ermöglichen, daß sich ein Oberteilsandballen (Kern) aus einem Naturmodell leicht ausheben läßt, bei einer geringen Formschräge von 1:300 und gleichzeitiger Gewährung einer sauberen Form. Der Hohlraum müßte sonst mit einem Hängekern ähnlich Bild 214 durchgeführt werden.

46. Nicht geteilte Modelle. Manche Konstruktionen lassen keine ebene oder auch überhaupt keine Teilung zu. Der Former muß in solchen Fällen die Teilung unmittelbar im Formsand schneiden. Das geschieht:

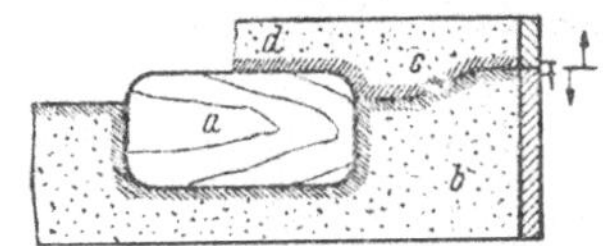

Bild 260. Formteilung bei Abrundungen

a Modell; *b* Unterkasten; *c* Schluß; *d* Oberkasten

a) Durch Abteilen, auch „*Schluß*“ genannt, z. B. bei Abrundungen (Bild 260): Der Former schneidet bis zum *Ende* der Abrundung hinunter. Um dieses genau festzulegen, bedarf es oft eines „falschen“ Teiles, um die eigentliche Form darauf aufzustampfen.

b) Durch Kernstücke: Teile, welche „hinter sich“ gehen und nicht abnehmbar sind, können nur mittels Kernstücken geformt werden. Diese Art tritt

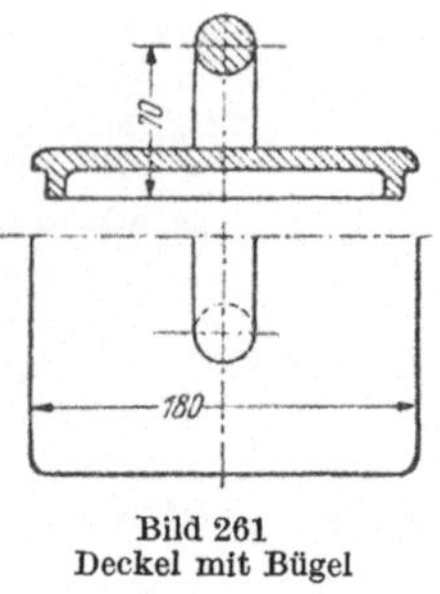

Bild 261 Deckel mit Bügel

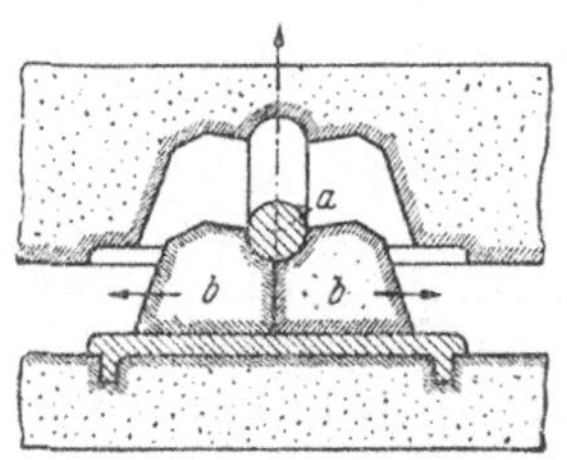

Bild 262. Form mit Kernstücken

a Abguß statt Modell; *b* Kernstücke

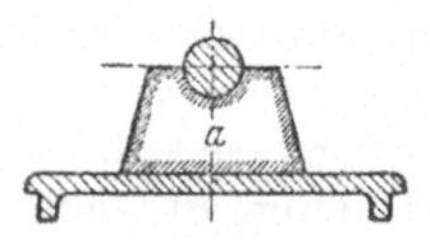

Bild 263. Modellriß für eine Modellausführung zu Bild 262

a Kern (im Kernkasten herzustellen)

in erster Linie in der Kunstformerei auf, z. B. bei Figuren u. dgl. Im Modellbau muß jedoch dafür Sorge getragen werden, daß diese Arbeitserschwerung für den Former, wo immer nur möglich, vermieden wird. Die Bilder 261 und 262 zeigen ein Beispiel für die Verwendung von Kernstücken. Die Form wird hier nach einem Abguß angefertigt. Bild 263 gibt den Modellriß für ein Modell wieder.

47. Lose Modellteile. Modellteile, die in bezug zur Ausheberichtung „hinter sich“ gehen, müssen als lose Modellteile mit Schwalbenschwanzführung oder mit Stiften, und wenn sie in dem Oberkasten zu liegen kommen, mit Dübeln befestigt werden (Bilder 264···266). Die Trennlinie *a* (Bild 265) muß etwas geneigt sein, damit sich das Modell leichter ausheben läßt. In Bild 266 muß *a* immer kleiner sein als *b*, damit das Modellstück *m* nachträglich, nachdem das Modell bereits entfernt wurde, aus der Form herausgezogen werden kann. Ein weiteres Beispiel zeigen die Bilder 267···269. Hier ist *a* kleiner als *b*, das Modellstück *m* ist daher nur aus der Form zu entfernen, wenn der

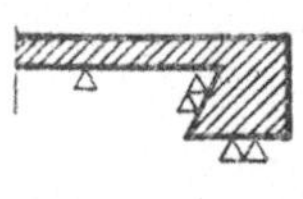

Bild 264. Führungsstück (Werkzeichnung)

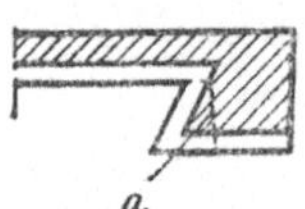

Bild 265. Modellriß zu Bild 264

a Trennlinie (schräg) für das Modellstück *m* (Bild 266)

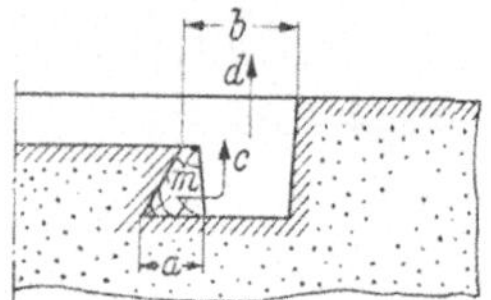

Bild 266. Form zu Bild 264

c Hohlraum; *d* Ausheberichtung; *m* loses Modellstück

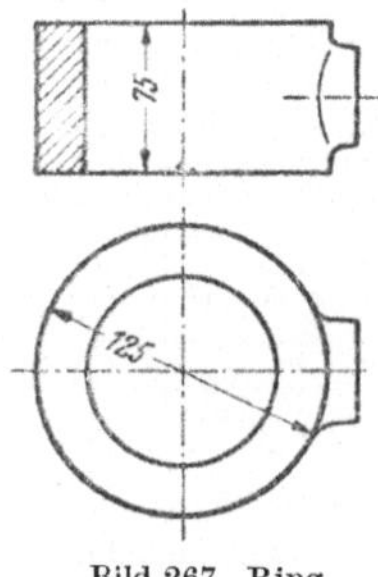

Bild 267. Ring (Werkzeichnung)

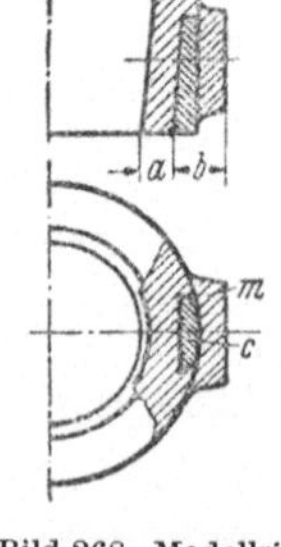

Bild 268. Modellriß zu Bild 267

c Schwalbenschwanzbefestigung für loses Modellstück *m*

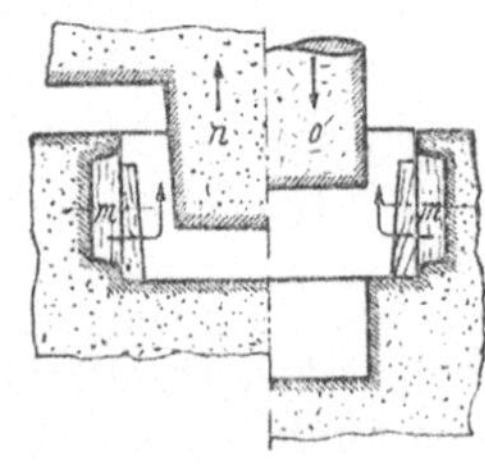

Bild 269. Form zu Bild 267, links mit Naturmodell und Oberkastenkern, rechts mit Kernmodell hergestellt

m loses Modellstück; *n* Oberkastenkern vom Modell; *o* Kern vom Kernkasten

innere Teil der Form als Kern ausgebildet wird. Das kann in diesem Falle geschehen, indem der Kern vom Modell abgehoben wird (Naturmodell, Bild 269, links), oder indem man ihn im Kernkasten formt und dann besonders einsetzt (Bild 269, rechts), bei niederen Modellen kann die Nabe fest angebracht sein, der Former schneidet dann bis zur Nabenmitte hinunter. Allgemein werden Modelle mit Schwalbenschwanz durch diesen breiter, sperriger; daher kommt es vor, daß solche Modellteile nicht mehr aus der Form herausgezogen werden können. Mitunter sind Modellteile von der Konstruktion aus schon stärker als der Hohlraum groß ist, durch welchen sie herausgezogen werden sollen.

Merke: Nur dann lose Modellteile vorsehen, wenn man sie auch *praktisch* aus der Form entfernen kann.

Schwalbenschwanz mit Verlängerung. Eine Erleichterung beim Formen mit losen Modellteilen bieten die Verlängerungen von Schwalbenschwanzbefestigungen (Bilder 270···273). Diese gestatten ein leichtes Erfassen zum Einziehen und zum Ausheben von losen Modellteilen aus schmalen Formhohlräumen. Nach Bild 273 ist *a* plus *b* kleiner auszuführen als *c*, um Platz zum Herausziehen zu haben.

Merke: Lose Modellteile müssen durch ihre eigene Schwere aus ihrem Sitz fallen!

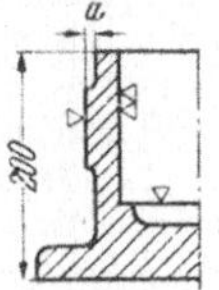

Bild 270. Verschlußstück

a ist als loses Modellstück auszuführen

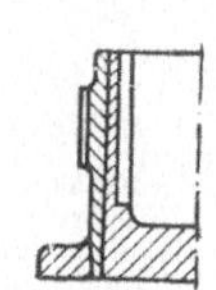

Bild 271. Modellriß zu Bild 270

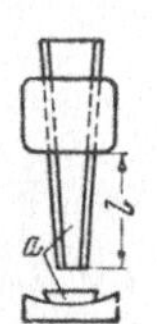

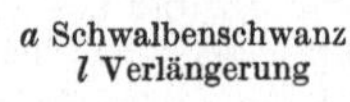

Bild 272. Loses Modellstück

a Schwalbenschwanz; *l* Verlängerung

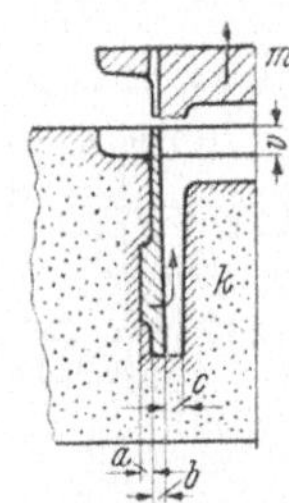

Bild 273. Form

k Kern, naturgeformt; *m* Modell; *v* Verlängerung zum Anfassen

Lose geteilte Flanschen können ein dreiteiliges Formen ersparen (Bilder 274···276). Der lose Flansch *c* (Bild 275) wird in vier Teile zerschnitten, und zwar schräg, wie bei *d*, damit Teil *e* zuerst nach innen gezogen werden kann.

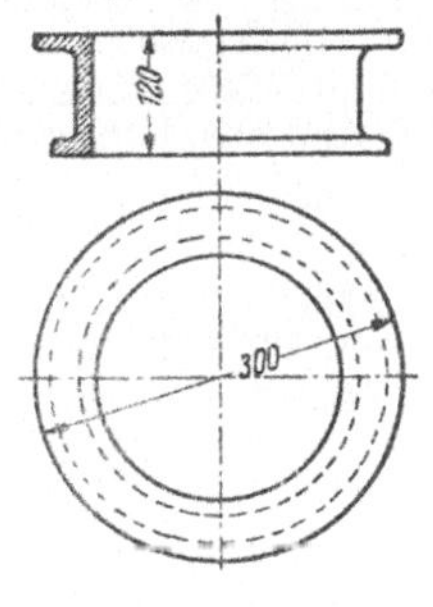

Bild 274. Zwischenstück (Werkzeichnung)

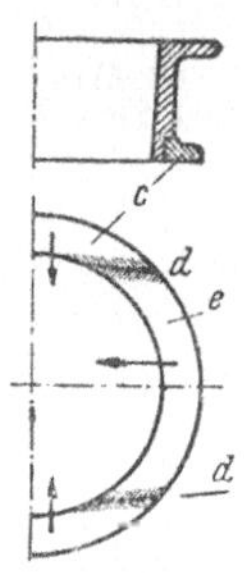

Bild 275. Modellriß zu Bild 274

c loser Flansch; *d* Teilung; *e* Flanschteil

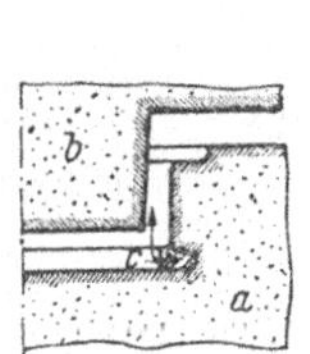

Bild 276. Form zu Bild 274

a Unterkasten; *b* Oberkasten; *c* loser Flansch

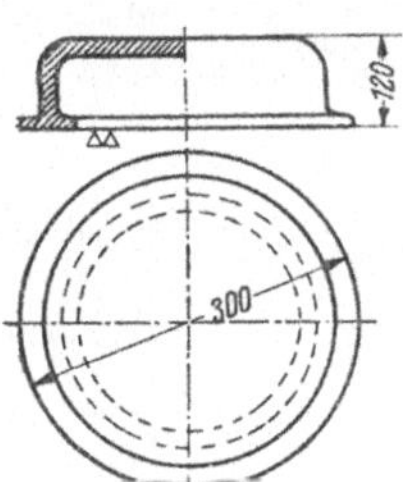

Bild 277. Deckel (Werkzeichnung)

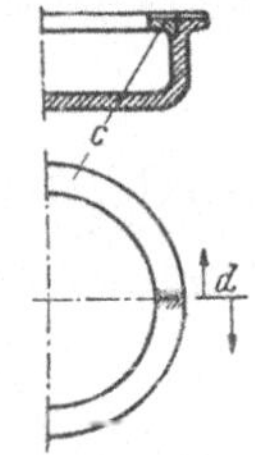

Bild 278. Modellriß zu Bild 277

c loser Ring; *d* Zweiteilung des Ringes

Ein *loser, geteilter Ring* erspart die Arbeit eines Kernmodelles (Bilder 277···279). Hier wird der lose Ring *c* (Bild 278) in zwei Teile geteilt, die nach dem Ausheben des Oberkastens (Bild 279) seitlich weggenommen werden.

Bild 279. Form zu Bild 277

a Unterkasten; *b* Oberkasten; *c* loser, zweiteiliger Ring

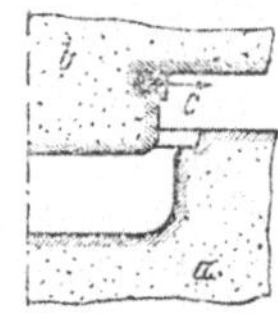

Die Bilder 280 und 281 zeigen das Beispiel eines losen Modellteiles, der selbst wieder geteilt sein muß, um dann in die Form hineingezogen werden zu können. Beim Formen werden die beiden Teile *a* und *b* durch Stifte *d* zunächst zusammengehalten, die während des Aufstampfens herausgezogen werden. Nach dem Entfernen des Modelles zieht man *a* und *b* in der Pfeilrichtung (Bild 281) in den Hohlraum der

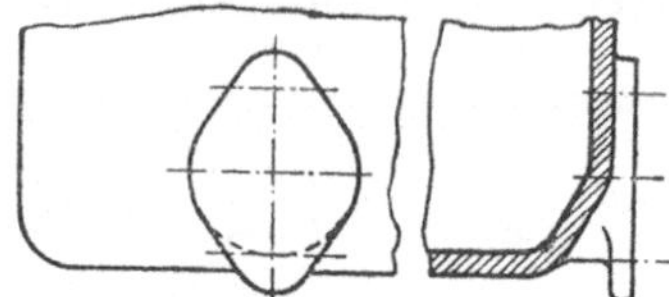

Bild 280. Teil einer Werkzeichnung

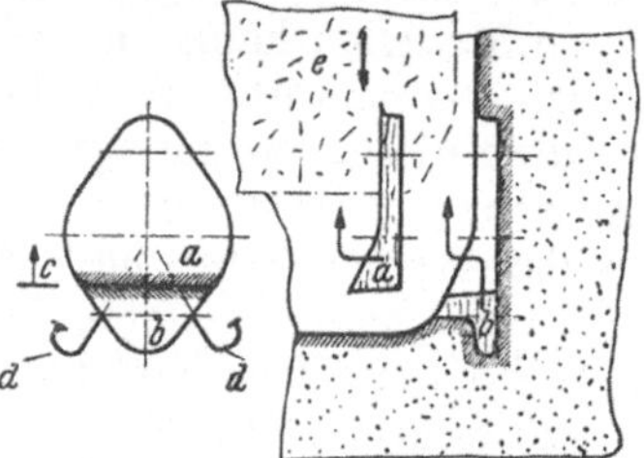

Bild 281. Modellteile *a* und *b* und Form zu Bild 280

ung; *d* Stifte; *e* Kern

Form hinein. In ähnlichen Fällen kann man sich auch mit *Kernmarken* helfen, die in der Form einen *Platz frei* geben, durch den das Modellstück herausgezogen wird (Bilder 282···284). Modell und Modellteile werden zuerst herausgezogen, dann Kerne *b* und *a* eingelegt.

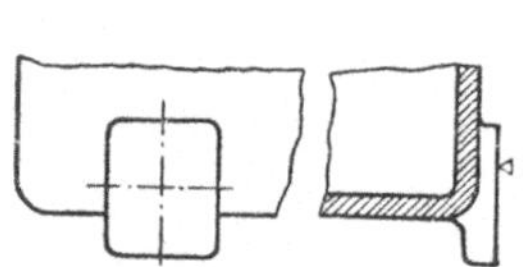

Bild 282. Teil einer Werkzeichnung

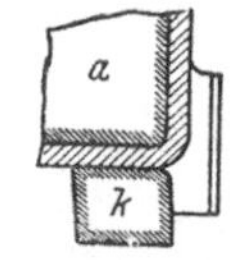

Bild 283. Modellriß zu Bild 282

a Hauptkern; *k* Kernmarke

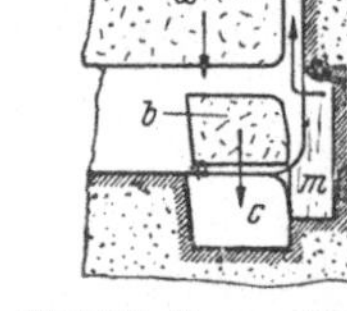

Bild 284. Form zu Bild 282

a Hauptkern; *b* Hilfskern; *c* durch die Kernmarke freigegebener Raum; *m* Modellstück

48. Seilrolle mit Sandballen geformt (Bilder 285···288). Vom Former wird ein Sandballen *s* angefertigt, der mit dem Unterkasten zusammen geformt wird (Bild 287). Nachdem die Form fertig aufgestampft ist, wird der Oberkasten abgehoben und die Oberteilmodellhälfte *Mo* daraus entfernt. Die Form wird wieder zusammengesetzt. Weiter wird dann die Form, also Ober- und Unterkasten, mit der Unterkastenmodellhälfte *Mu* und dem Sandballen *s* gewendet. Durch dieses Wenden kommt der Sandballen in den Oberkasten, aber nach unten zu liegen. Dadurch wird, wenn der Unterkasten abgehoben ist, die Unterkastenmodellhälfte *Mu* frei und kann aus der Form entfernt werden (Bild 288). Darauf

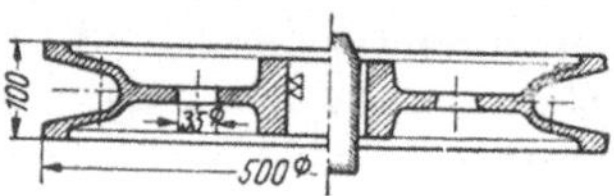

Bild 285. Seilrolle (Werkzeichnung und Modellriß)

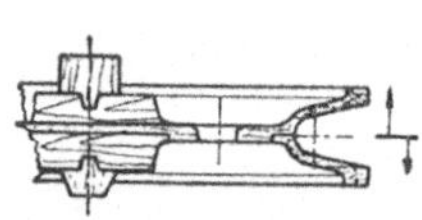

Bild 286. Naturmodell zu Bild 285

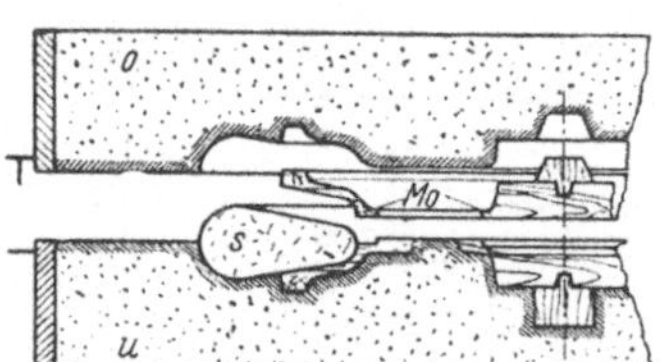

Bild 287. Form

u Unterkasten; *o* Oberkasten; *Mo* Oberteilmodellteile; *s* Sandballen

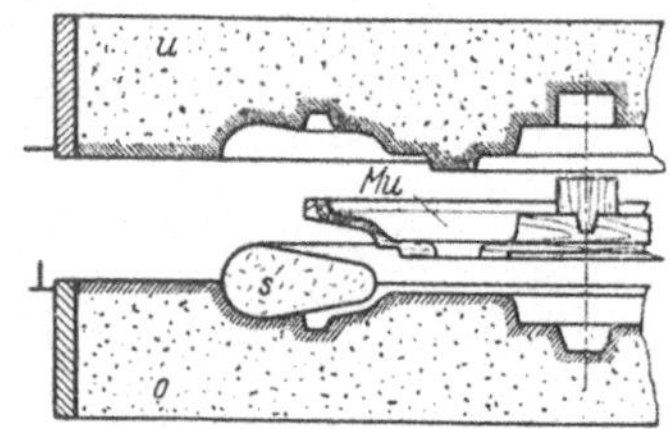

Bild 288. Gewendete Form

u Unterkasten; *o* Oberkasten; *s* Sandballen; *Mu* Unterteilmodellhälfte

wird die Form wieder zusammengesetzt und endgültig gewendet. Stampft man erst den Oberkasten auf, so wird einmal Wenden gespart. Das Formen mit Sandballen ist naturgemäß auch bei ähnlichen Modellformen möglich.

49. Seilrolle mit Kern geformt (Bilder 289···292). Der *Kernkasten* (Bild 290) hat, ebenso wie das Modell, Ringverleimung und wird als Ganzes gedreht. Er kann auch als Teilkernkasten ausgeführt werden, z. B. $^1/_6$, $^1/_8$, $^1/_{12}$ u. dgl. In solchen Fällen wird der Kernkasten nicht gedreht, sondern von Hand ausgearbeitet. *Bei größeren Seilrollen* (Bild 292) ruht der

Kern, der als Sandballen geformt wird, auf einem gußeisernen Ring *c*. Da die Rolle im Herd geformt wird, kann man die untere Modellhälfte (Naturmodell) nur aus der Form entfernen, nachdem man zunächst den Gußring mit dem Sandballen herausgehoben hat.

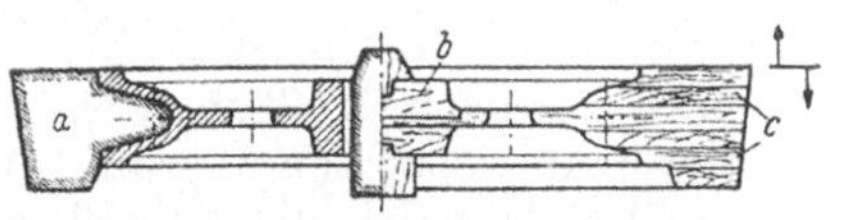

Bild 289. Seilrolle (Modellriß und Modellaufbau)
a Kern; *b* Oberteilnabe, abnehmbar; *c* Ringverleimung

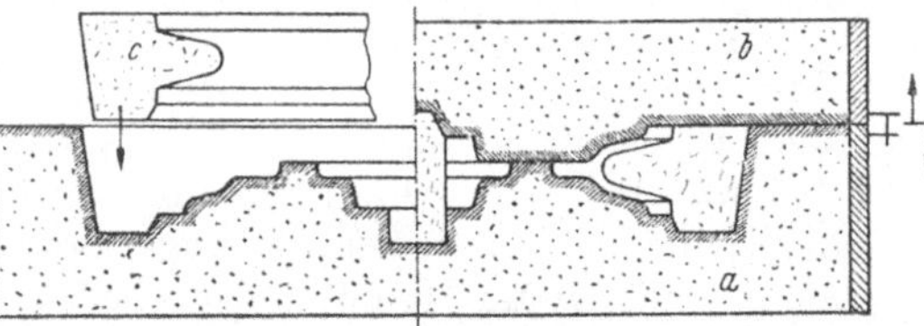

Bild 291. Form zu Bild 289
a Unterkasten bzw. Herd; *b* Oberkasten; *c* Kern

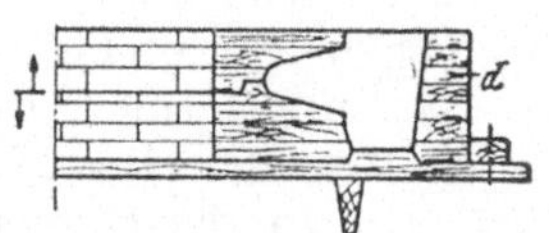

Bild 290. Kernkasten
d Außenring, zweiteilig

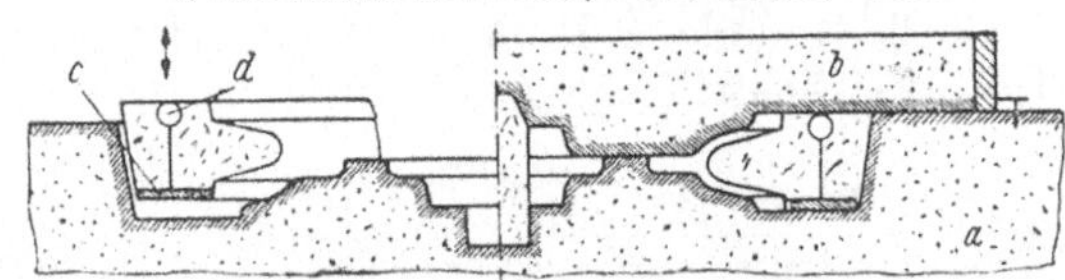

Bild 292. Form einer größeren Seilrolle
a Herd; *b* Oberkasten; *c* Gußring; *d* Ösenschraube

50. Güteklassen[1]. Jedes Modell muß das seinem Gütegrad entsprechende genormte Güteklassenzeichen tragen (s. Bild). Hinsichtlich Ausführung der Modelle unterscheidet man für Holzmodelle 4 und für Metallmodelle 2 Güteklassen.

a) Holzmodelle. Modelle der *Güteklasse 1 a* (*Sonderausführung*) sind für hohe Gußstückzahlen in der Hand- und Maschinenformerei bestimmt. Sie müssen aus Hartholz hergestellt und an besonderen Verschleißstellen mit mindestens 3 mm dicken Stahlleisten verstärkt sein. Zu verleimende Stoßfugen müssen mit Nut und Feder versehen sein (s. im Normblatt ausführliche Angaben über Verbindungen, Versteifungen, Sicherungen gegen Abnutzung). Dreifacher Lackanstrich. Für Kernkästen gelten diese Richtlinien sinngemäß.

Güteklasse 1: Modelle und Kernkästen mit derselben Verwendung und in der gleichen Ausführung wie bei Güteklasse 1 a, jedoch ohne Stahlarmierung.

Güteklasse 2: Modelle und Kernkästen für Serienfertigung in der Handformerei. Modelle aus Erlen- oder Lindenholz. Rahmen-, Feder- und Nutverbindungen sind nur in beschränkten Fällen vorzunehmen. Kernkästen wie bei Güteklasse 1 a.

Güteklasse 3: Modelle, Kernkästen, Skelettmodelle und Ziehbretter für Einzelfertigung in der Handformerei. Herstellung aus Fichten- oder Tannenholz. Über Aufbau und Ausführung bestehen keine besonderen Vorschriften. Die Arbeiten sind so rasch und billig wie möglich herzustellen, z. B. für Vorrichtungen und Versuche. Die Wände von großen Modellen müssen ausgehobelt mindestens 35 mm dick sein. Bei langen Modellen sind im Abstand von höchstens 450 mm Brücken einzubauen.

b) Metallmodelle. Modelle und Modelleinrichtungen aus Grauguß, Blei, Zink, Messing oder Leichmetall-Legierungen.

Güteklasse 1: Die Modelle und Modelleinrichtungen sind allseitig, von schwierigen Übergängen abgesehen, maschinell zu barbeiten.

Güteklasse 2: Bearbeitung von Hand ist zulässig, nur Auflage- und Teilungsflächen maschinell.

c) Zulässige Maßabweichungen. Für *Holzmodelle* gelten die Abweichungen nach Tab. 11. Man wählt bei Innenmaßen einseitig die +Toleranz und bei Außenmaßen einseitig die −Toleranz, um dem Treiben und etwaigen Veränderungen infolge Losklopfen der Modelle entgegenzuwirken. Bei *Metallmodellen* haben die nichttolerierten Maße in beiden Güteklassen die Toleranz $\pm 1/2$ IT 12 (DIN 7151).

Tabelle 11. *Zulässige Abweichungen für nichttolerierte Maße von Holzmodellen*

Nennmaß mm	über / bis	— / 50	50 / 180	180 / 315	315 / 500	500 / 800	800 / 1250	1250 / 2500	2500 / 4000	4000 / —
Güteklasse 1a und 1	mm	±0,3	±0,45	±0,6	±0,75	±0,9	±1,1	±1,4	±1,7	±2
Güteklasse 2 und 3	mm	±0,5	±0,75	±1	±1,3	±1,5	±1,9	±2,3	±2,8	±3,3

[1] Dieser Abschnitt ist ein Auszug aus dem Normblatt DIN 1511, auf das hier ausdrücklich hingewiesen sei. Siehe auch Fußnote *, S. 10.

51. Modelle für verschiedene Gußmetalle unterscheiden sich äußerlich durch den *Anstrich* nach Tab. 4 (S. 10). Jedes Modell muß auch mit dem in Tab. 6 (S. 17) angegebenen *Schwindmaß* des danach zu vergießenden Metalls hergestellt werden. Im einzelnen ist zu beachten:

Der am meisten vorkommende Grauguß (GG) erfordert im Oberkasten eine größere Bearbeitungszugabe bis zum dreifachen der Werte nach den Tab. 8 bis 10 (S. 18) zwecks guter Oberflächenbeschaffenheit des Gußstückes (s. Abschn. 15). Genügt eine dreifache Bearbeitungszugabe nicht mehr, dann ist ein Aufguß zu geben, der gleich am Modell mitgearbeitet wird, wo es immer nur möglich ist. Die Höhe des Aufgusses richtet sich ganz nach der Konstruktion des Gußstückes und wird mit der Gießerei vereinbart.

Große Modelle, z. B. Betten für Werkzeugmaschinen, sind in Teilen auszuführen (Tab. 12). Diese Teilung ist notwendig, weil solche langen Modelle „durchgebogen“ eingeformt werden müssen (Bild 293), da sich der Guß wegen ungleichen Erstarrens des Metalls verzieht. Das unterteilte Modell wird in ein abgerichtetes Bett eingeformt, die einzelnen Teile legen sich nach der Unterfläche, wodurch die Durchbiegung erreicht wird. Weiter wird auch der Transport solcher großen Modelle durch die Teilung erleichtert. Flache Konstruktionen, z. B. Richtplattenmodelle, können in einem Stück gearbeitet werden, da ihr Querschnitt ein Durchbiegen mittels Beschwerung im abgerichteten Bett zuläßt.

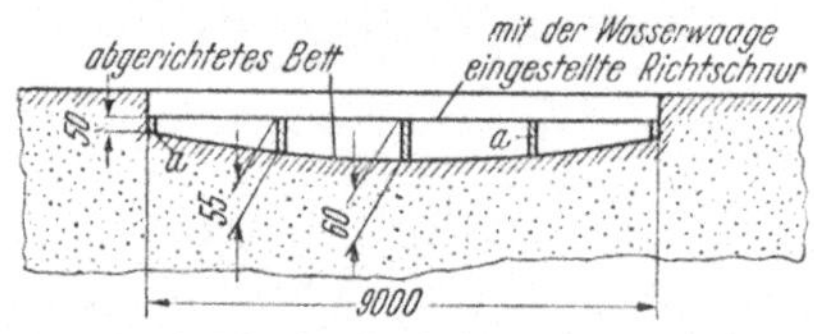

Bild 293. Ausgehobenes und abgerichtestes Bett
a Richtleisten für 10 mm Durchbiegung

Tabelle 12
Längenteilungen

Länge in m	Teile
4 ··· 6	2
7 ··· 12	3
über 12	4

Bei Temperguß (GT) handelt es sich meist um kleinen Massenguß. Die Modelle werden daher vielfach als Modellplatten ausgeführt (s. Kap. IV, S. 50).

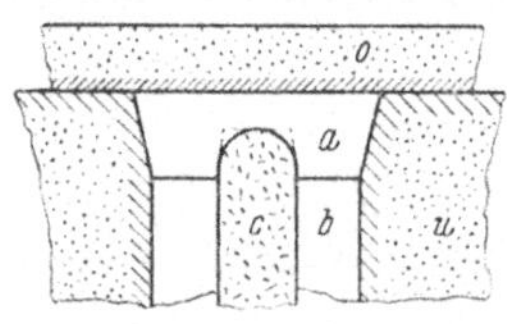

Bild 294. Form
a Aufguß; *b* eigentlicher Abguß; *c* Kern, abgerundet oder keglig; *u* Unterkasten; *o* Oberkasten

Da Stahlguß (GS) stark nachsaugt, sind Aufgüsse zu stellen. Bei Rundkörpern geht man nach Bild 294 vor, wo der Aufguß, der $^1/_3$ des Gußgewichtes ausmacht, am Modell mitgearbeitet wird. Ansonsten werden nach Angabe der Gießerei Aufgüsse gestellt, die zum Modell angefertigt werden.

Schwermetallguß dient meistens zur Herstellung genauer, dünnwandiger Teile, daher ist die Genauigkeit bei diesen Modellarbeiten $^1/_{10}$ mm. Werkstoff: Birn- und Ahornholz. Für Massenguß kommen Modellplatten in Betracht. Modelle, die durch ihre Konstruktion nicht haltbar genug wären, sind aus Blei zu modellieren, bzw. es sind Muttermodelle für Metallmodelle zu fertigen (s. Abschn. 70, S. 58).

Modelle für Kunstguß werden zunächst aus Ton oder Knetmasse (Plastilin), seltener unmittelbar aus Gips modelliert. Nach diesen Ton- oder Plastilinmodellen werden Gipsmodelle hergestellt. Der Vorgang ist kurz folgender: Das Originalmodell wird mit dünnen Blechdreiecken — zwecks Teilung — abgesteckt und eingeölt. Dann wird Gips so aufgetragen, daß die Blechdreiecke noch sichtbar sind. Nach Erstarren des Gipsmantels werden die Blechdreiecke herausgezogen und der Gipsmantel geteilt auseinander genommen, wobei das Originalmodell zerstört wird. Der geteilte Gipsmantel wird sodann wieder fest zusammengesetzt und in seinen Hohlraum fließender Gips hineingeschüttet. Der Gipsmantel wird mit dem flüssigen Gips solange gewendet, bis sich der Gips 5···10 mm dick angelegt hat. Nach Erstarren des Gipses wird der Gipsmantel vorsichtig abgeschlagen. Um die Trennung zwischen Gipsmodell und Gipsmantel gut unterscheiden zu können, wird der Gips für den Gipsmantel etwas gefärbt. Vor dem Eingießen des flüssigen Gipses in den Gipsmantelhohlraum muß die Innenwand zwecks Isolation mit Öl oder dickem Seifenwasser eingepinselt werden. Kernkästen für Kunstguß werden überhaupt nicht gemacht, der Kern wird aus der Form geformt und die Wandstärke wird vom Kern abgenommen. Der Kern ruht nicht auf Kernmarken, sondern auf durchlöcherten Röhren, die auf der Formteilung aufliegen und mit dem Kerneisen verbunden sind.

Wenn bei Leichtmetallguß Metallanhäufungen auftreten, sind zum Modell noch Kühleisenmodelle anzufertigen. Die Bilder 295···299 zeigen Beispiele für Magnesiumlegierungen. Das Kühleisenmodell von Bild 297 wird als Ring gedreht und in vier Teile zerschnitten. Bei größerem Guß (Bild 297) sind die Kühleisenmodelle segmentartig anzuordnen. Bei gleichmäßiger Verdickung des Metallquerschnittes werden keine Kühleisen beigelegt (Bild 298). Die Kühleisenmodelle sind laufend und gleichlautend mit der blauumrandeten Sitzfläche am Modell zu beziffern.

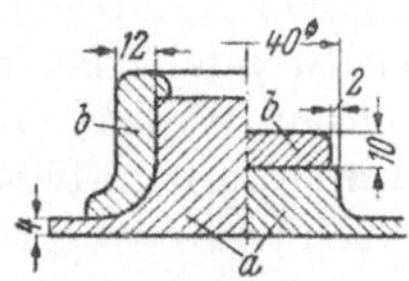

Bild 295. Metallanhäufung durch Naben

a Modell; *b* Kühleisenmodell, geteilt

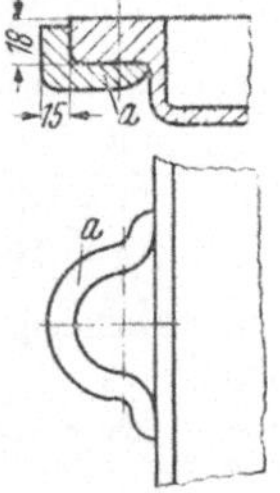

Bild 296. Kühleisenmodell um Nocke

a Kühleisenmodell

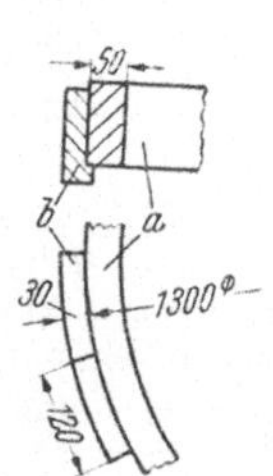

Bild 297. Ring mit segmentartigem Kühleisen

a Modell; *b* Kühleisenmodell

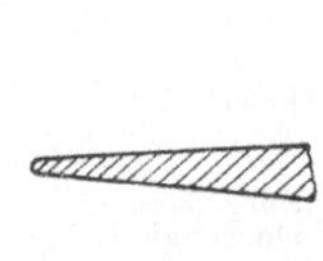

Bild 298. Gleichmäßige Verdickung des Metallquerschnittes

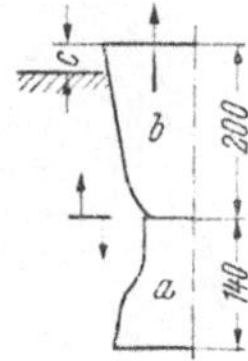

Bild 299. Steiger (Druck oder Aufguß)

a Modell; *b* Steiger; *c* Verlängerung zum Anfassen beim Ausheben durch das Oberteil

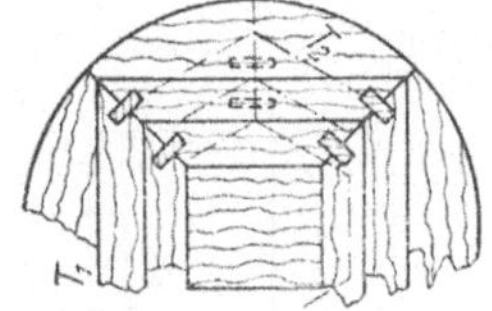

Bild 300. Scheibenaufbau (für hohe Formen)

T_1 für kleinere Scheiben; T_2 für größere Scheiben

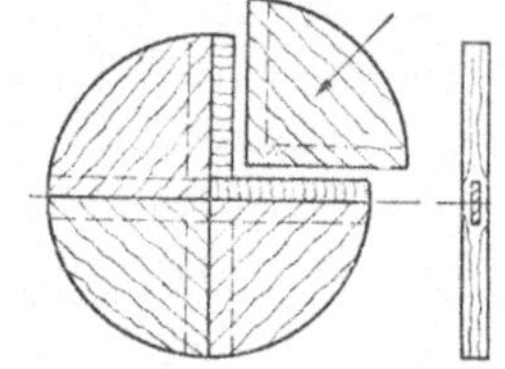

Bild 301. Scheibenaufbau mit Nut u. Feder (für niedere Formen)

An die Genauigkeit der Leichtmetallmodelle werden größere Anforderungen gestellt, daher muß durch den Modellaufbau ein Verziehen und Schwinden weitmöglichst ausgeschaltet werden, wie die Bilder 300 und 301 zeigen. Beim Ringaufbau sind die Segmente mit Nut und Feder zu versehen (s. Abschn. 28). Die Segmentlänge ist kurz und die Segmenthöhe (Ringhöhe) ist nieder zu nehmen. Je mehr Segmente und Ringe verleimt sind, desto größer ist die Festigkeit. Zusammenfallende Hirn- und Langholzflächen sind weitgehendst zu vermeiden.

IV. Sonderaufgaben des Modellbaues

A. Schablonen und Kernschablonen

Zweck und Anwendungsmöglichkeit der Schablonen:

1. Um Modellkosten zu ersparen: a) an Arbeitszeit; b) an Werkstoff.

2. Je nach Konstruktion des Gußstückes: a) bei Rundkörpern besonders günstig anzuwenden; b) Größe und Anzahl der zu gießenden Teile sind entscheidend, wie durch folgendes Beispiel einer Kostenzusammenstellung erläutert werden kann:

Modellkosten . . . . DM 50,–
Schablonenkosten . . . . . . DM 16,–, also DM 34,– billiger.
Dagegen:
Formerkosten mit Modell . . . DM 10,–
Formerkosten mit Schablone . DM 25,–, also um DM 15.– teurer.

Folglich 1 Stück mit Schablone um DM 19,– billiger, 2 Stücke nur noch um DM 4,–. Kommen nur zwei Abgüsse in Betracht, so wird noch eine Schablone angefertigt. Bei mehr als zwei Abgüssen macht sich schon ein Modell bezahlt.

52. Schabloniervorrichtungen (Bilder 302 und 303). Die Spindel muß genau lotrecht im Gießereiboden stehen: Einstellung mittels Wasserwaage. Jede Schablone muß daher mit ihrer Oberkante (▽) und der Spindelachse einen rechten Winkel bilden, damit man beim Schablonieren eine waagerechte Streifebene erzielt.

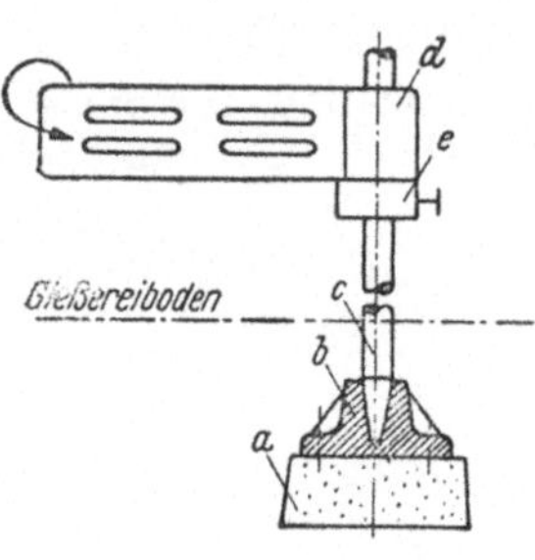

Bild 302. Einfache Ausführung

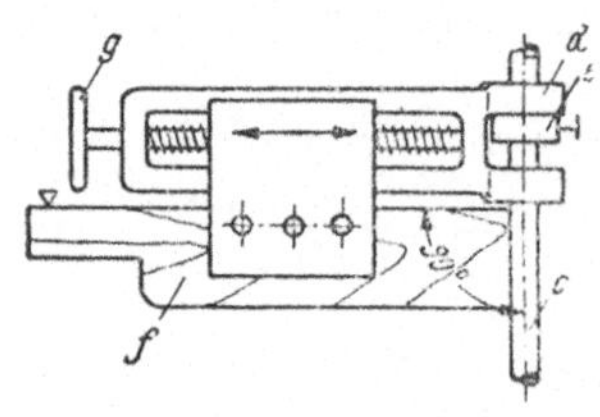

Bild 303. Genaue Ausführung

Bilder 302 u. 303. Schabloniervorrichtung

a Zementsockel; *b* Spindelführung; Spindelfuß; *c* Spindel; *d* Schwenkarm; Schablonenhalter; *e* Stellring; *f* Schablone; *g* Handrad für genaues Einstellen

53. Beispiele von Schablonen. Von der Werkzeichnung bis zur Gußform (Form zweiteilig).

a) Herstellung eines Ringes (Bilder 304···307). Die Bearbeitung *a* ist kegelig zuzugeben, um den Oberkasten leichter ausheben zu können. Bei Schablonen für zweiteilige

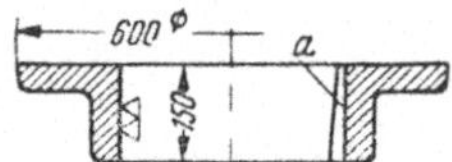

Bild 304. Ring (Werkzeichnung und Modellriß)

a Bearbeitungszugabe

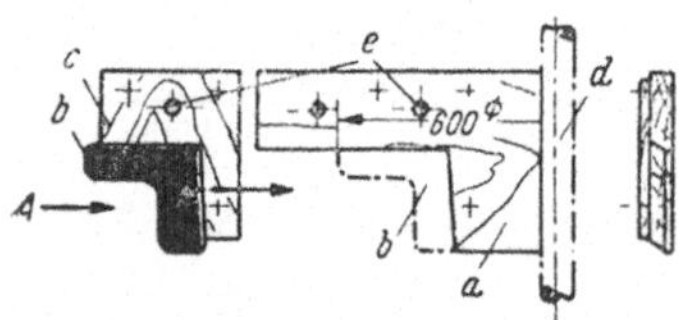

Bild 305. Aufbau der Schablone

a Oberkastenschablone; *b* Unterkastenschablone als angeschraubte Wandstärke (schwarz gestrichen!); *c* Verstärkung zu *b*; *d* Spindel; *e* Schraubenlöcher für die Befestigung am Schwenkarm

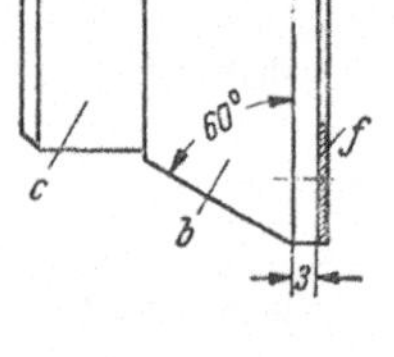

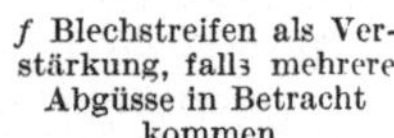

Bild 306. Vergrößerte Ansicht in Richtung *A* auf die Schablone (vgl. Bild 305)

f Blechstreifen als Verstärkung, falls mehrere Abgüsse in Betracht kommen

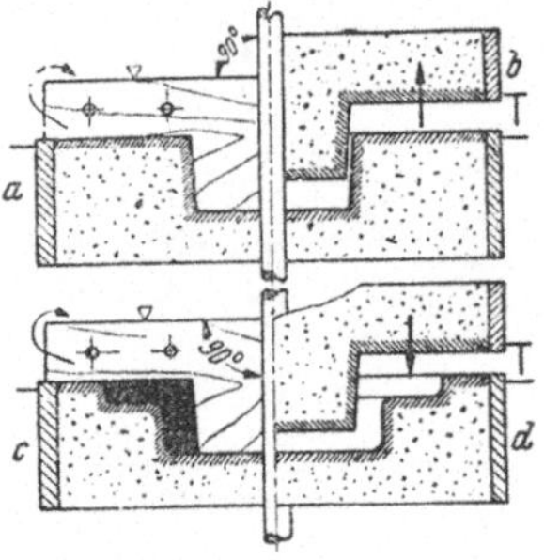

Bild 307. Herstellung der Form

a Schablonieren der Aufstampfform für den Oberkasten (im Unterkasten); *b* fertig aufgestampfter Oberkasten; *c* Nachdrehen des Unterkastens mit der angeschraubten Wandstärke; *d* Zusammensetzen der Form (Spindelloch abgedämmt)

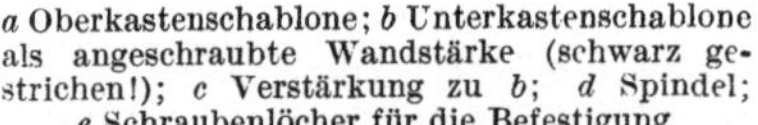

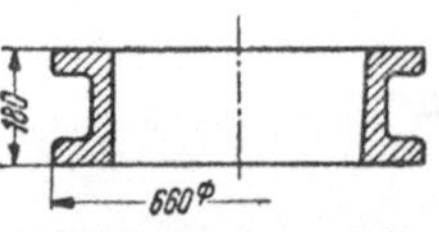

Bild 308. Zwischenstück (Werkzeichnung und Modellriß innen Formschräge = Kegel)

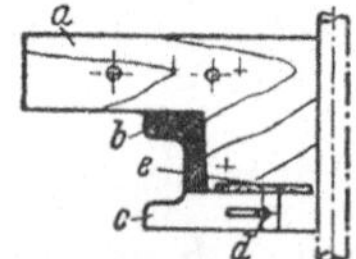

Bild 309. Schablonenaufbau

a Oberkastenschablone; *b* Wandstärke (s. Bild 312); *c* Eisenschuber (s. Bild 311); *d* Führungsschraube; *e* Führungsleiste

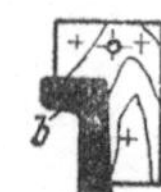

Bild 310. Wandstärke *b* (Bild 309) mit Verstärkung

Bild 311 Eisenschuber (Schieber, Riegel) *c* (Bild 309)

Formen wird immer zuerst die Oberkastenschablone angefertigt; an diese wird die Wandstärke *b* (Bild 305) – die das Gußstück eben verlangt – als Unterkastenschablone angeschraubt. Die Wandstärke wird durch schwarzen Anstrich gekennzeichnet. Werkstoff: Rotbuche — Föhre. Bei Bemessung der Schablone ist zu beachten, daß sie um den Spindelhalbmesser kürzer auszuführen ist als das Zeichnungsmaß. Der eigentliche Einformvorgang ist in Bild 307 dargestellt.

b) Zwischenstück (Bilder 308···312). Wenn Teile, die zu schablonieren sind, „*hinter sich*" gehen, so ist für diese Stelle eine *Schubvorrichtung* (Bilder 309 u. 311) anzubringen. Der Eiksenschuber c hat eine *Schlitzführung*, deren *Länge gleichzeitig Anschlag* ist. Wenn nur eine Führungsschraube den Schuber führt, so ist noch eine Führungsleiste anzubringen, bei zwei Schrauben fällt letztere weg, die Anordnung hat aber den Nachteil, daß der Former bei der Arbeit immer zwei Schrauben lösen und anziehen muß, wenn der Schuber nachgerückt wird (Bild 312 bei c).

Bild 312. Herstellung der Form

a Schablonieren der Aufstampfform für den Oberkasten; *b* fertiger Oberkasten; *c* Nachdrehen des Unterkastens; Eisenschuber wird stückweise vorgerückt; *d* zusammengesetzte Form

c) Abschlußdeckel (Bilder 313···316). Oft ist es notwendig, für Ober- und Unterkasten je eine Schablone anzufertigen. Dieses kommt für Abgüsse mit schwachen Wandstärken in Betracht, weil bei diesen Schablonen ein Anschrauben der Wandstärke (Unterteil) an die Oberkastenschablone nicht gut oder oft überhaupt nicht möglich ist. So zeigt Bild 313 eine Wandstärke von nur 8 mm. Damit der Former nicht Ober- und Unterkastenschablone *einzeln* am Schwenkarm einstellen und anschrauben muß, wird weiter noch ein *Kopfbrett* angefertigt, an welches je eine Schablone angeschraubt wird. Diese Arbeitsweise sichert eine *gleichmäßige Gußstärke* (Bilder 314 u. 315). Der Führungszapfen c muß bei der Ober- und Unterkastenschablone genau in demselben Abstand, und zwar

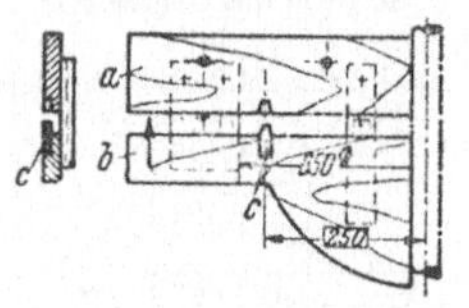

Bild 314. Kopfbrett *a* und Oberteilschablone *b* zu Bild 313

c Führungszapfen

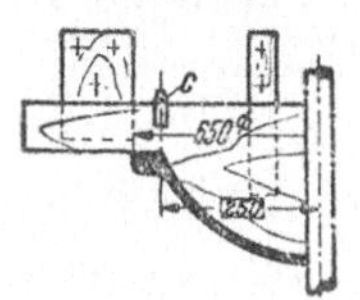

Bild 315. Unterteilschablone

c Führungszapfen

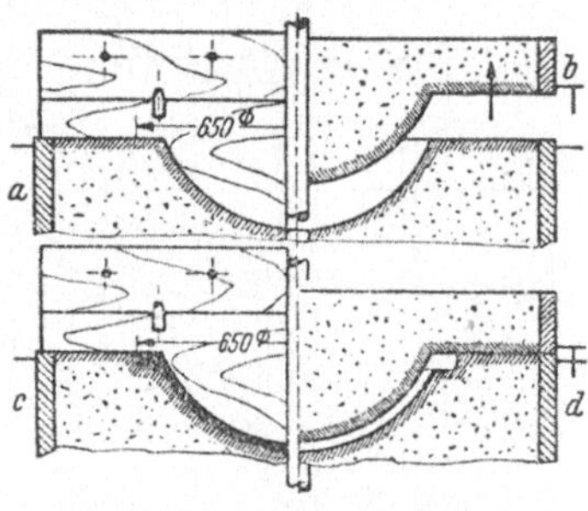

Bild 316. Herstellung der Form

a Schablonieren des Unterteils als Aufstampfform für den Oberkasten; *b* aufgestampfter und abgehobener Oberteil; *c* Nachdrehen des Unterteils; *d* zusammengesetzte Form

Bild 313. Abschlußdeckel (Werkzeichnung und Modellriß)

250 mm von der Spindelmitte angebracht sein. Bild 316 gibt den Werdegang der Form wieder.

d) Schablonen und Modellteile zum Schablonieren einer Riemenscheibe mit schwacher Kranzstärke (Bilder 317···328). Die Kranzdicke von 13 mm einschließlich

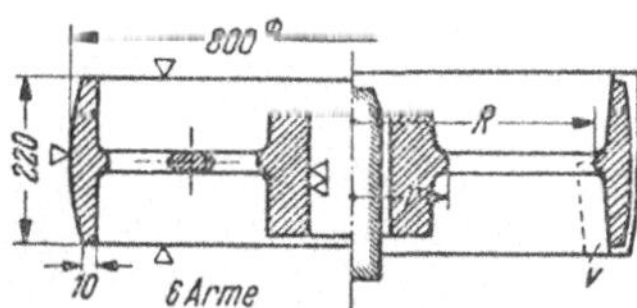

Bild 317. Riemenscheibe mit 6 Armen (Werkzeichnung und Modellriß)

v Kranzverstärkung

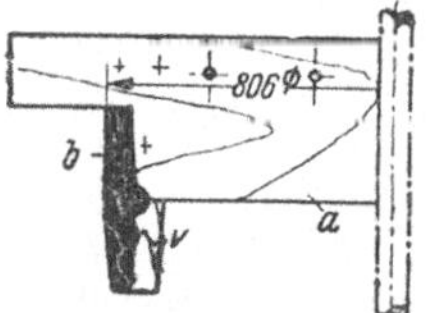

Bild 318. Oberteilschablone

a mit angeschraubter Unterteilschablone *b* (Bild 319)

Bild 319. Unterteilschablone

b Eisenstärke, schwarz gestrichen; *v* Kranzverstärkung

Bearbeitungszugabe ist zum Ausschablonieren zu gering. Deshalb ist die *Kranzverstärkung v* (Bilder 318 u. 319) notwendig. Weiter braucht man beim Schablonieren das *Segment* (Bild 320) zum Abdämmen der Kranzverstärkung und die *Gegenschablone* (Bild 321) zum Ausbessern (Nachdrehen) des abgehobenen Oberkastens (Bild 326), ferner die *Ober-* und *Unterteilnabe* (Bild 322) mit *Kernmarken* und das *Arm-* und *Kratzbrett* (Bild 323) zum Schablonieren der Arme (Bilder 326 u. 328). Die ***Meßleiste*** (Bild 324) dient zum genauen Nachprüfen der Formkanten (Bilder 325 u. 326). Der *Arbeitsgang* beim Schablonieren der Riemenscheibe ist in den Bildern 325···328 dargestellt. Nach dem Ausschablonieren des Unterkastens zum Aufstampfen des Oberkastens wird zunächst der Oberkasten fertiggestellt

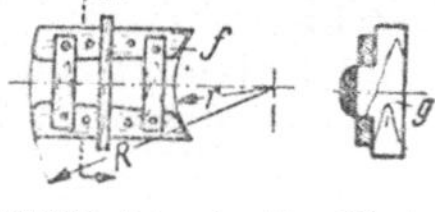

Bild 323. *f* Armbrett; *g* Kratzbrett; *r* und *R* entsprechend Modellriß Bild 317

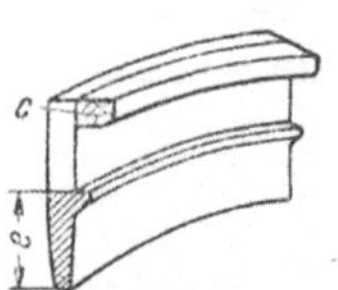

Bild 320. Segment

c Anfaßleiste; *e* unterer, formgebender Teil

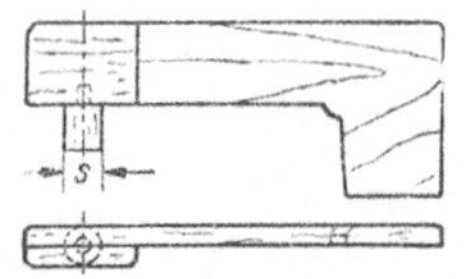

Bild 321. Gegenschablone

s Spindeldurchmesser

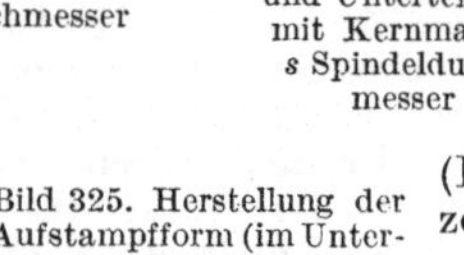

Bild 322. Ober- und Unterteilnabe mit Kernmarken *s* Spindeldurchmesser

Bild 324. Meßleiste

d Kranzstärke; *s* Spindeldurchmesser

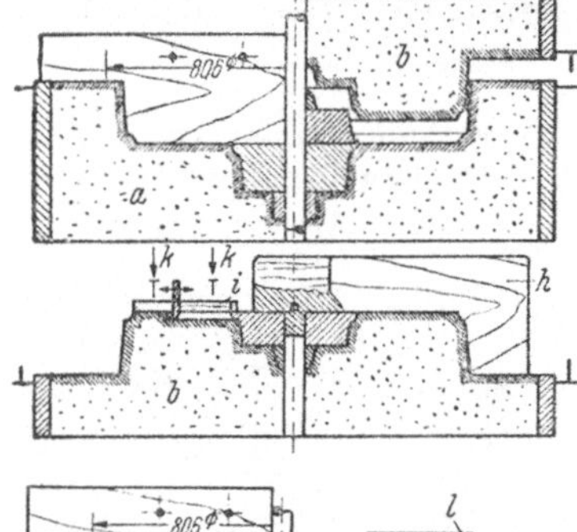

Bild 325. Herstellung der Aufstampfform (im Unterteil *a*) für den Oberkasten, Eindämmen der Unterteilnabe, Aufstampfen und Abheben des Oberteils *b*

Bild 326. Nachdrehen des Oberteils *b* (Ausbessern) und Schablonieren der Arme

h Gegenschablone (Bild 321); *i* Arm- und Kratzbrett (Bild 323); Stifte zum Feststecken der Armbretter

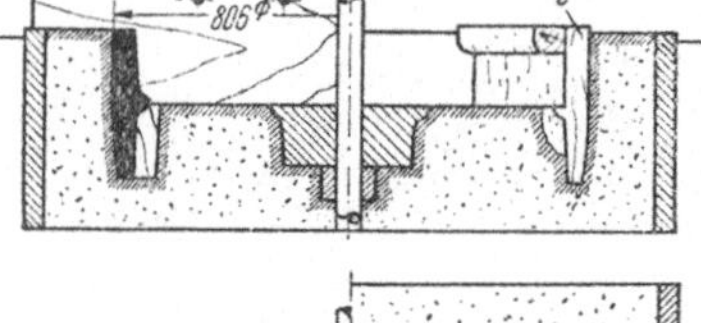

Bild 327. Ausdrehen des Unterteils und Abdämmen des Hohlraumes (von der Verstärkung) mittels Segmentes *l* (Bild 320)

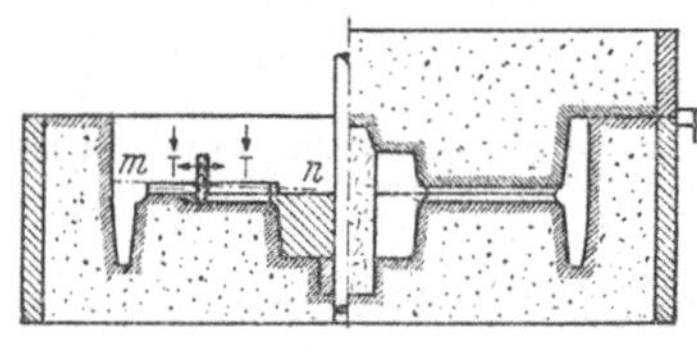

Bild 328. Schablonieren der Arme im Unterteil und zusammengesetzte Form

(Bilder 325 u. 326). Bild 326 zeigt das Nachdrehen des abgehobenen und umgekehrten Oberkastens und das Schablonieren der Arme mittels Arm- und Kratzbrett. Darauf wird gemäß Bild 327 der Unterkasten nachgedreht und der infolge Verstärkung der Schablone (Bild 327 rechts) entstandene Hohlraum abgedämmt. Schließlich werden die Arme im Unterkasten mit Arm- und Kratzbrett ausschabloniert (Bild 328). Sind die Arme nach der Nabe zu stärker, also kegelig, so muß das Armbrett nach dieser Seite hin entsprechend schwächer ausgeführt werden, wie in Bild 328 durch die Linie $m-n$ angedeutet ist. Nach Einsetzen des Kernes kann nun die Form zusammengesetzt werden.

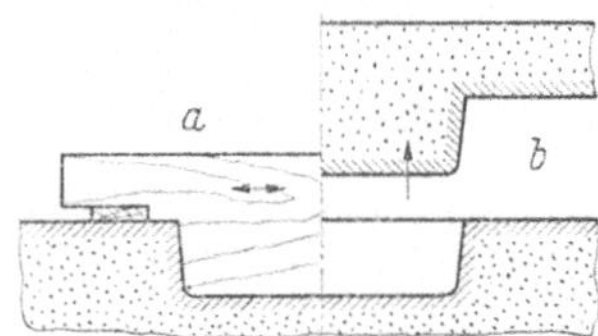

Bild 332. Form

a Ziehen der Aufstampfform im Unterkasten für den Oberkasten; *b* Aufstampfen und Abheben des Oberkastens

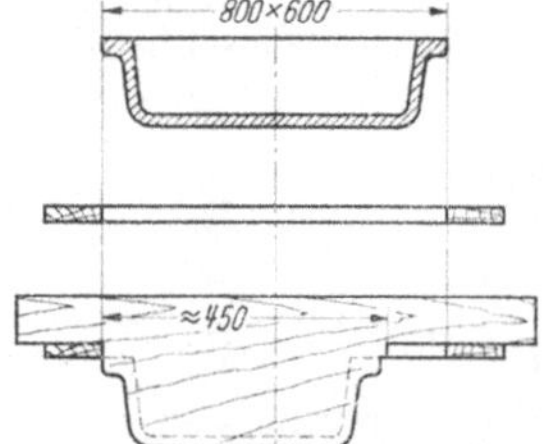

Bild 329. Werkzeichnung, Wanne

Bild 330. Führungsrahmen, geschlitzt

Bild 331. Ober- und Unterkastenschablonen mit Rahmen; Ziehkante der Oberkastenschablone gestrichelt eingezeichnet

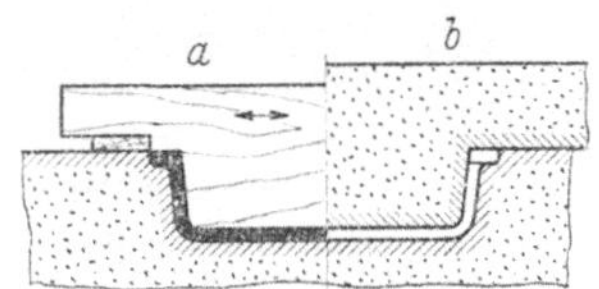

Bild 333. Form

a Nachziehen des Unterkastens; *b* Zusammengesetzte Form

e) Ziehschablonen für prismatische Formen. Das Beispiel in Bild 329 zeigt eine Wanne, die ohne Modell, nur mittels Ziehschablonen, geform werden soll. Dazu sind notwendig: Rahmen, Ziehschablone für den Oberkasten und Ziehschablone für den Unterkasten (Bilder 330···333).

Die Ober- und Unterkastenschablone wird in der Länge kürzer bemessen als die Breite der auszuschablonierenden Form (s. in Bild 331 das Maß von 450 mm). Der Former hat dadurch beim Abziehen eine seitliche Bewegungsfreiheit bis zum Führungsrahmen. Bei ungleichem Querschnitt ist für die Längs- und Querseite je eine Ziehschablone zu fertigen.

Kernschablonen ersetzen die Kernkästen. Sie werden angewendet:

a) Für Rundkerne; b) für wenige Abgüsse.

Bei Kernschablonen kann man der Art nach unterscheiden:

1. Schablonenbretter, für zylindrische Kerne.
2. Karussellschablonen, für scheibenförmige Kerne.
3. Abziehbretter, für Krümmerkerne und Streifflächen.

54. Schablonenbrett und Kerndrehbank. Für Kerne mit kleinem Durchmesser und großer Länge, z. B. für den Kern der Holzwalze (Bild 334), wird ein Schablonenbrett angefertigt, wie es Bild 335 erkennen läßt (das Modell für die Außenform Bild 334 untere Hälfte wäre in Daubenverleimung nach Abschn. 27 herzustellen).

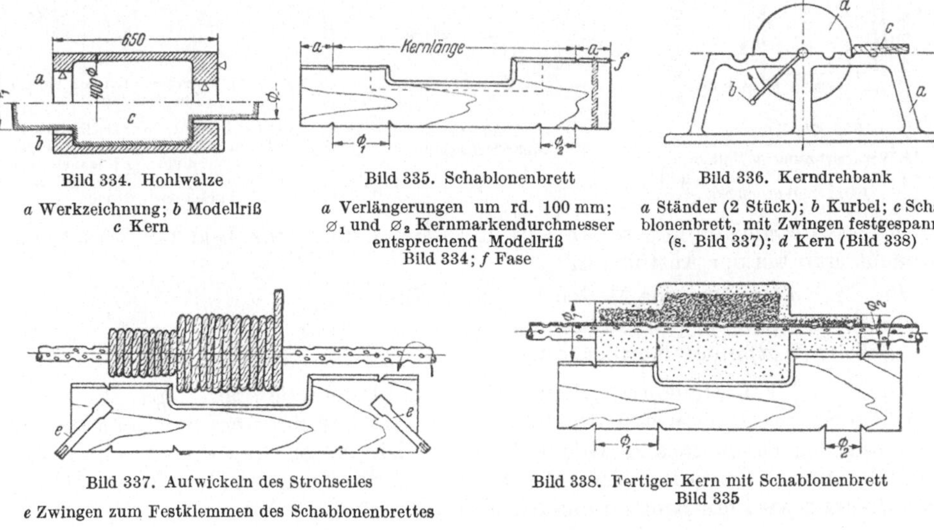

Bild 334. Hohlwalze

a Werkzeichnung; *b* Modellriß
c Kern

Bild 335. Schablonenbrett

a Verlängerungen um rd. 100 mm; $\varnothing_1$ und $\varnothing_2$ Kernmarkendurchmesser entsprechend Modellriß Bild 334; *f* Fase

Bild 336. Kerndrehbank

a Ständer (2 Stück); *b* Kurbel; *c* Schablonenbrett, mit Zwingen festgespannt (s. Bild 337); *d* Kern (Bild 338)

Bild 337. Aufwickeln des Strohseiles

e Zwingen zum Festklemmen des Schablonenbrettes

Bild 338. Fertiger Kern mit Schablonenbrett Bild 335

Das Schablonenbrett wird auf der Oberseite, das ist jene Seite, die beim Schablonieren nach oben zu liegen kommt, abgefast. Die Abschrägung erfolgt ebenso wie bei den Modellschablonen (s. Bild 306) auf der Streiffläche mit einem Kantenwinkel von 60°. Bei mehrfacher Verwendung wird auf der Unterseite der Schablone ein Blechstreifen angeschraubt oder angenagelt.

Werkstoff des Schablonenbrettes: Rotbuche.

Die *Herstellung eines Kernes* mittels Schablonenbrettes auf der *Kerndrehbank* wird durch die Bilder 336 bis 338 veranschaulicht. Zunächst wird ein Strohseil auf ein durchlochtes Rohr, das zur Festigkeit und zur Gasabführung dient, aufgewickelt (Bild 337). Danach wird der Kern mit einer Lehmschichte überzogen und mit der Schablone geformt (Bild 338), bis seine Durchmesser genau dem Modellriß (Bild 334) entsprechen. Die Durchmessereinschnitte auf der Außenseite des Brettes dienen zum Einstellen des Rundtasters.

55. Karussellschablonen für scheibenförmige Kerne mit großem Durchmesser und kleiner Höhe, z. B. Bild 339. Die Oberkastenkernmarke *f* wird als Modellteil ausgeführt (mit dem Spindeldurchmesser durchbohrt). Bei der Ausführung braucht man: Für die Außenform eine Modellschablone (Bild 340), für Kern 1 (*d*) eine Karussellschablone, für Kern 2 (*e*) einen Kernkasten. Bild 341 zeigt die Karussellschablone; ihre Lage richtet sich nach der *Kerneinlegerichtung*. Die Rippen *f* müssen nach unten verjüngt ausgeführt werden, weil die Nabe mit den Rippen in Pfeilrichtung aus dem Kern gezogen wird. Der Boden wird gedreht und dabei der Führungszapfen in der Mitte eingepaßt. Die Abschrägung (Kernmarke) an der Karussellschablone (Bild 341) für den Kern *b* kann auch mittels Schuber (Arbeitsweise ähnlich Bild 312) erreicht werden.

Merke: Immer zuerst das Zapfenstück drehen (in diesem Fall Kernmarke mit Zapfen) und dieses dann in das Gegenstück auf der Drehbank einpassen!

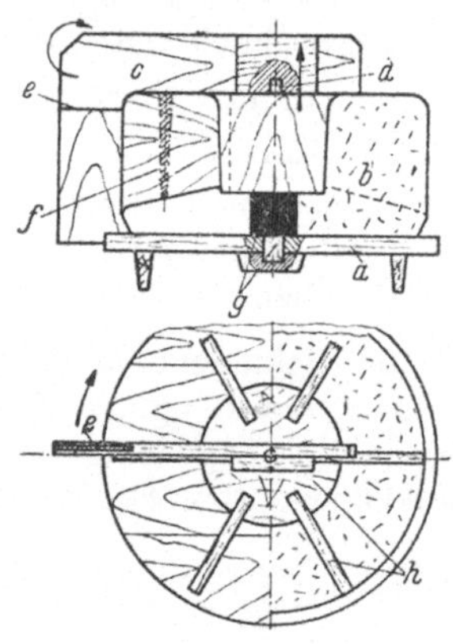

Bild 341. Schablonieren von Kern 1 (*d* in Bild 339)

a Boden; *b* Kern; *c* Karussellschablone; *d* Drehzapfen; *e* Winkel geschlitzt; *f* Rippen, verjüngt; *g* Kernmarke mit Führungszapfen; *h* Nabe mit eingelassenen Rippen

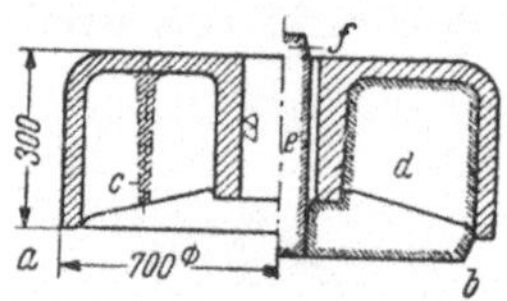

Bild 339. Trommel

a Werkzeichnung; *b* Modellriß; *c* 6 Rippen; *d* Kern 1; *e* Kern 2; *f* Oberteilkernmarke

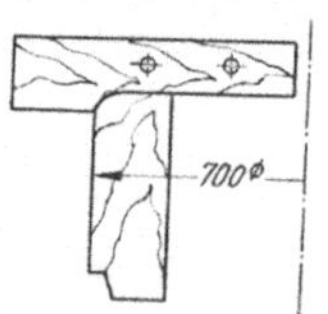

Bild 340 Modellschablone

Karussellschablone mit teilweisem *Kernkasten*, z. B. für Bild 342. Auch hier braucht man bei der Ausführung:

für die Außenform eine Modellschablone (Bild 343),
,, Kern 1 (*c*) eine Karussellschablone,
,, Kern 2 (*d*) einen Kernkasten.

Ober- und Unterteilkernmarken werden als Modellteile ausgeführt, sie werden mit dem Spindeldurchmesser durchbohrt. In Bild 344 links erkennt man die Anfertigung des Ringkernes zu Bild 342 rechts. Die Kernmarke *e* wird schwarz gestrichen, und zwar, da keine Stirnfläche frei ist, die Umfläche der Kernmarke. Der Boden *a* wird mit Ringverleimung als teilweiser Kernkasten ausgeführt. Obere Nabe ist lose über

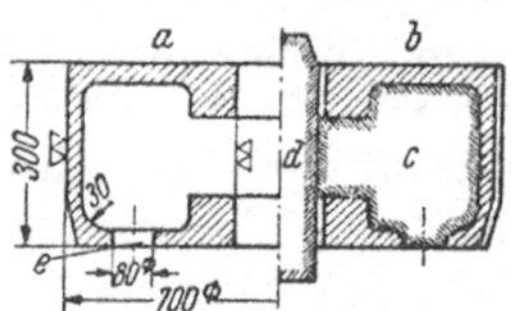

Bild 342. Bremsscheibe

a Werkzeichnung; *b* Modellriß; *c* Kern 1; *d* Kern 2; *e* 8 Löcher

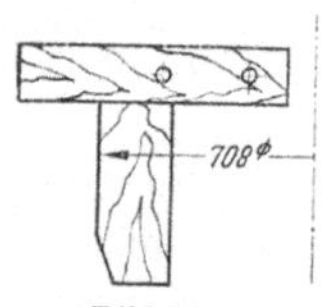

Bild 343 Modellschablone

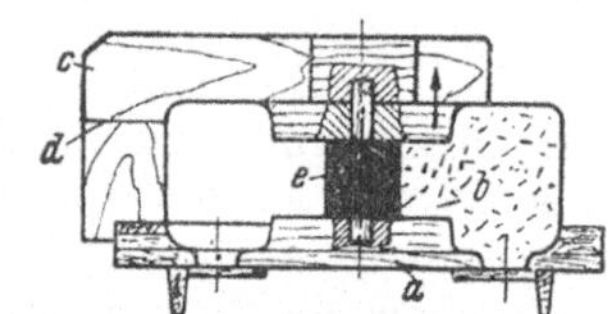

Bild 344. Karusellschablone für Kern 1 (*c* in Bild 342)

a Boden und Teilkernkasten; *b* Kern; *c* Karusellschablone; *d* Winkel geschlitzt (vgl. Bild 341); *e* Kernmarke, ringsum schwarz gestrichen, da keine Stirnfläche frei

den Drehzapfen zu drehen. Untere Nabe wird mit dem Boden und dem Ringaufbau zugleich mitgedreht, mit gleichzeitigem Einpassen des Führungszapfens in der Mitte. Kern 1 (*c*) ruht beim Einlegen in seine Form auf den acht Durchbrüchen (*e* in Bild 342). Kern 2 (*d*) wird nachträglich durch den Kern 1 eingelegt, also „Kern im Kern" (Abschn. 39).

Bei Karussellschablonen, bei denen keine Kernmarke in der Mitte anzubringen möglich ist, somit die Führung für die Schablone fehlen würde, ist eine Stütze, ungefähr 50···80 mm Dmr., einzuzapfen. Diese ist mit gekreuzten schwarzen Strichen zu zeichnen (s. Tab. 4, S. 10) und wird vom Former abgedämmt.

56. Abziehbretter. a) Für Krümmerkerne: So z. B. sei ein Krümmer (90°) mit 300 mm lichter Weite, an den Enden auf 320 mm erweitert, anzufertigen. Benötigt wird bei der Ausführung: Für die Außenform ein Modell (bzw. Schablone), für den Kern ein Abziehbrett. Bei dieser *symmetrischen Krümmerform* (Bild 345) werden zwei gleiche, halbe Kerne schabloniert, und diese werden in der Gießerei aufeinander geschwärzt. Bei *unsymmetrischen Krümmerformen* werden Kernkastenteile und Leisten „*umgeschraubt*", um so auf *jeder* Seite des Kernbrettes je einen halben Kern schablonieren zu können.

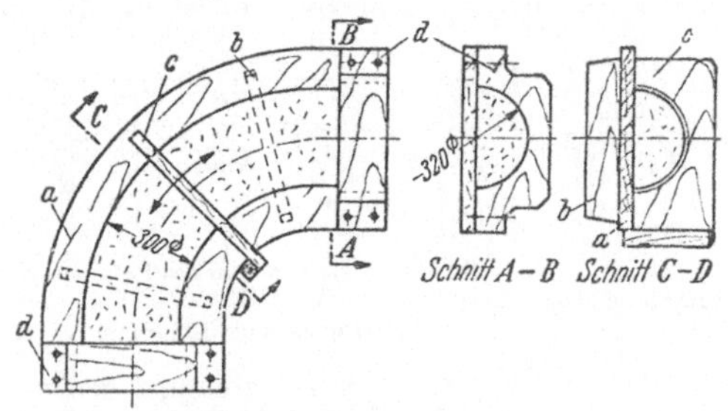

Bild 345. Formen eines Kernes mittels Abziehbrett

a Kernbrett; *b* Versteifungsleisten; *c* Schablone (Abziehbrett) mit Führungsleiste; *d* erweiterte Kernkastenteile

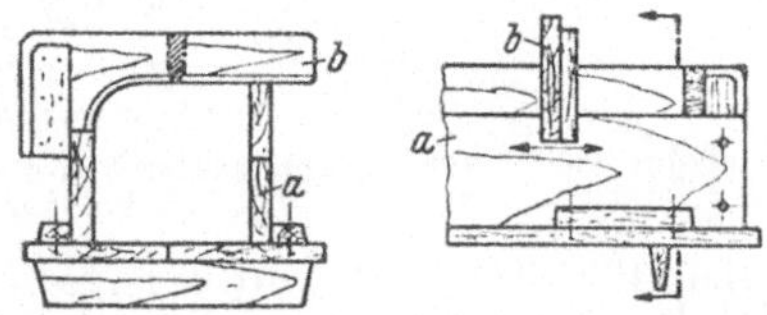

Bild 346. *a* Kernkasten; *b* Zugschablone

b) Für Abrundungen und Formen am Kernkasten benutzt man Zugschablonen, die je nach Abrundung und Form ausgeführt werden (z. B. Bild 346). Werkstoff der Zugschablone: Rotbuche oder Ahorn.

B. Modellplatten[1]

57. Grundsätzliches. Die Modellplatte tritt überall da in ihre Rechte, wo es sich um Massenanfertigung von Gußstücken handelt (s. DIN 1522).

a) Die doppelte Modellplatte enthält die Modelle für Ober- und Unterteil. Sie wird verwendet zur Handformerei und für Formmaschinen: Bild 347 zeigt ihren Aufbau. Die Modellplatte *a* selbst wird aus Gußeisen oder Holz gefertigt. Bei gleichen Modellhälften wird nur eine Modellhälfte auf die Platte gebracht (genau einmitten!). Von dieser Seite werden dann Ober- und Unterteile abgeformt. Die Modellplatte ist eine genau gearbeitete und gehobelte, mit zwei Führungs- und zwei Paßbolzenlöchern versehene Platte, mit Ober- und Unterteilmodellhälften. Sie wird in folgendem Arbeitsgang hergestellt:

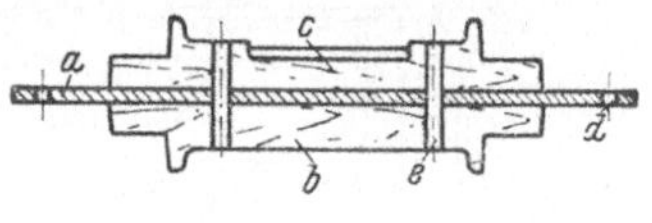

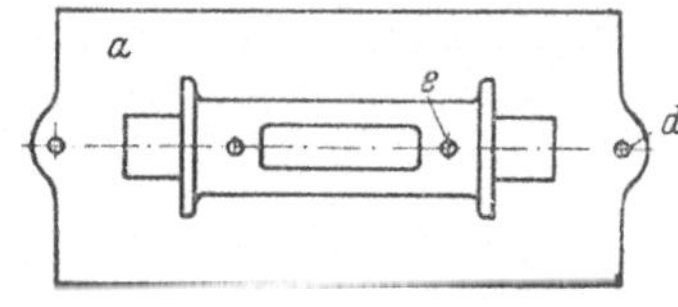

Bild 347. Doppelte Modellplatte

a Platte; *b* Modellhälfte für Unterkasten; *c* Modellhälfte für Oberkasten; *d* Führungslöcher der Platte; *e* Paßbolzen

1. Das zweiteilige Modell wird mit zwei Paßbolzenlöchern durchbohrt.

2. Eine Modellhälfte wird zentrisch auf die Formplatte gelegt, und letztere wird ebenfalls mit den zwei Paßbolzenlöchern durchbohrt.

3. Nun werden die Paßbolzen durch beide Modellhälften und die Modellplatte gesteckt, womit ein genaues Gegenüberliegen gesichert ist.

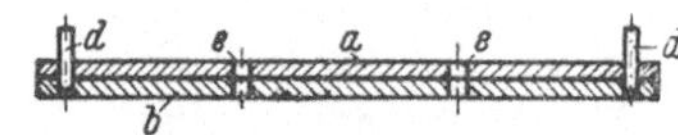

Bild 348. Bohren der einfachen Modellplatten

a fertige Platte; *b* zu bohrende Platte; *d* Führungsbolzen; *e* Paßlöcher

[1] Vgl. die Werkstattbücher Heft 37 „Metallmodelle, Gipsmodelle und Modellplatten für die Maschinenformerei" und Heft 66 „Maschinenformerei"

b) Will man von einem geteilten Modell zwei Modellplatten (je für Ober- und Unterkasten) herstellen, so verbindet man beide Platten durch die Führungslöcher mit Bolzen *d* (Bild 348) und durchbohrt die zweite Platte nach der ersten, die bereits mit den Löchern für die Paßbolzen versehen war. Somit entstehen *zwei einfache Modellplatten*, die genau zueinander passen. Im weiteren Verlauf der Arbeit verfährt man ebenso wie bei der doppelten Modellplatte, nur wird jede der beiden einfachen Platten für sich aufgebaut.

58. Herstellung einer doppelten Modellplatte in der Gießerei. Die doppelte Modellplatte soll zum Abformen für den Ober- und Unterkasten dienen. Ein Beispiel ist die Haube

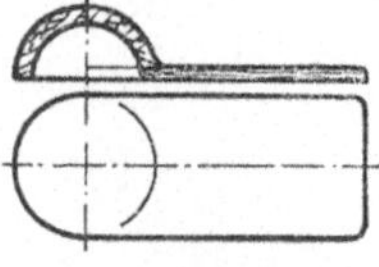

Bild 349
Modell einer Haube

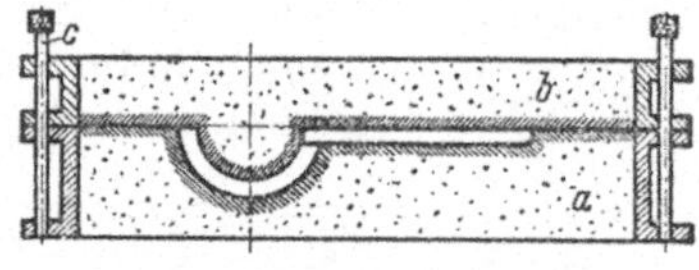

Bild 350. Einformen der Haube
a Unterkasten; *b* Oberkasten; *c* durchgehende Führungsbolzen

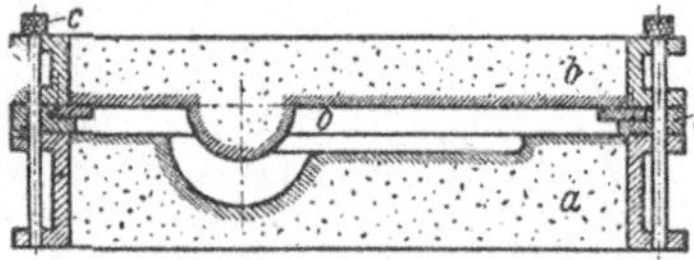

Bild 351. Zwischenlegen des Rahmens *d* (vgl. Bild 350)
o auszugießender Hohlraum

(Bild 349). Zunächst wird das *Modell* hergestellt: Es wird eine hohle Halbkugel gedreht, mit der Grundplatte verleimt, und dieser Körper in einem Sonderformkasten eingeformt (Bild 350). Dann wird ein *Rahmen d* aus Gußeisen zwischen beide Formkästen gelegt (Bild 351), wobei Formkästen und Rahmen durch die Bolzen *c* geführt werden. Der Hohlraum *o*, der durch das Modell plus Rahmenstärke entsteht, wird ausgegossen. Bild 352 zeigt die *fertige Modellplatte*, der Ausguß *o* ist mit dem gefalzten Rahmen *d* durch Laschen *e* verschraubt und gehalten. *Ausgußmetall*: 84% Blei, 4% Zinn, 12% Antimon (geringe Schwindung). Als Ausgußwerkstoff kann auch Gipszement od. dgl. verwendet werden.

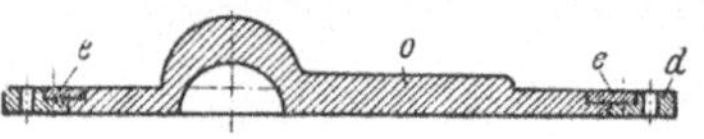

Bild 352. Fertige Modellplatte (vgl. Bild 351)
e Laschen

59. Formen mit Modellplatten, schematisch dargestellte Arbeitsverfahren I…VIII (Bilder 353…360).

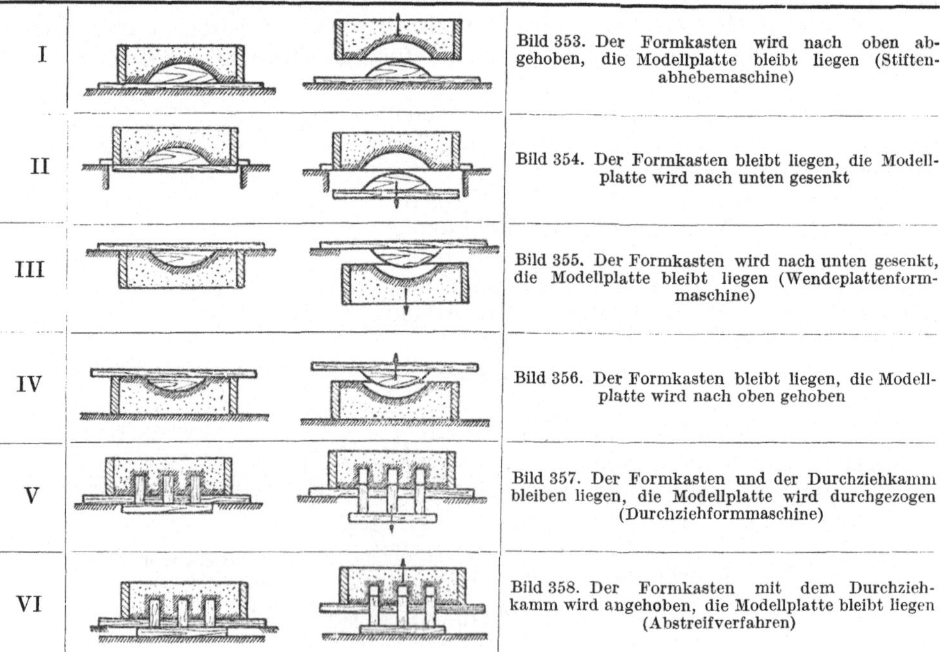

Bild 353. Der Formkasten wird nach oben abgehoben, die Modellplatte bleibt liegen (Stiftenabhebemaschine)

Bild 354. Der Formkasten bleibt liegen, die Modellplatte wird nach unten gesenkt

Bild 355. Der Formkasten wird nach unten gesenkt, die Modellplatte bleibt liegen (Wendeplattenformmaschine)

Bild 356. Der Formkasten bleibt liegen, die Modellplatte wird nach oben gehoben

Bild 357. Der Formkasten und der Durchziehkamm bleiben liegen, die Modellplatte wird durchgezogen (Durchziehformmaschine)

Bild 358. Der Formkasten mit dem Durchziehkamm wird angehoben, die Modellplatte bleibt liegen (Abstreifverfahren)

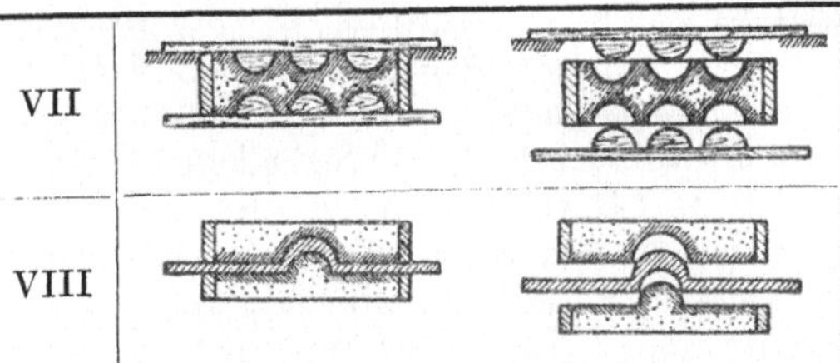

VII — Bild 359. Der Formkasten wird mit der unteren Modellplatte nach unten gesenkt, worauf der Formkasten abgehoben wird (zweiseitige Pressung). Abguß: Kugel

VIII — Bild 360. Hier bleibt beim Senken der Oberteil an Klinken hängen. Die Modellplatte mit Unterteil senkt sich weiter, bis die Modellplatte auf Stellringen stehenbleibt. Der Unterteil wird schließlich durch weiteres Senken von der Modellplatte getrennt (zweiseitige Pressung). Abguß: halbe Hohlkugel

60. Die Gegenkehr-Modellplatte ermöglicht es, bei jedem Formvorgang *zwei* fertige Formen herzustellen. Das *Modell* (Bild 361), das in der Fläche $a-b$ geteilt ist, wird in einem *Sonderformkasten* (Bild 362) in Sand eingeformt. Dann werden Ober- und Unterkasten dieser Form mit ihren Paßflächen d *nebeneinander* gelegt (Bild 363), so daß sie eine ebene Fläche bilden. Nunmehr wird ein *Rahmen* e (Bild 364) aufgesetzt und die offene Form bis zum Rande mit Gipszement od. dgl. ausgegossen (f in Bild 364), so daß die fertige Gegenkehrplatte die Form für Ober- und Unterkasten enthält. Von dieser Platte können nun beliebig viele Sandabdrücke g (Bild 365) genommen werden, und wenn man diese dann zum Gießen zu je zweien um 180° *versetzt aufeinanderlegt* (Bild 366), so entsteht jedesmal die fertige Form für zwei Abgüsse. Mit dieser

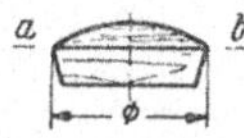

Bild 361. Modell, bei $a-b$ geteilt

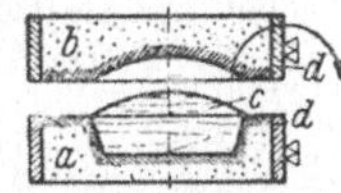

Bild 362. Sonderformkasten (schematisch)
a Unterkasten; b Oberkasten; c Modell; d Paßflächen

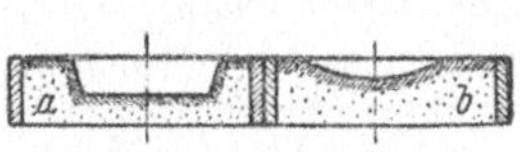

Bild 363. Unter- und Oberkasten (Bild 362) mit ihren Paßflächen d aneinander gelegt

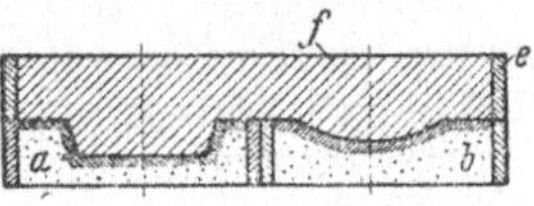

Bild 364. Gipsabguß von Bild 363
e Rahmen; f Gipszement; a u. b Sandform Bild 362

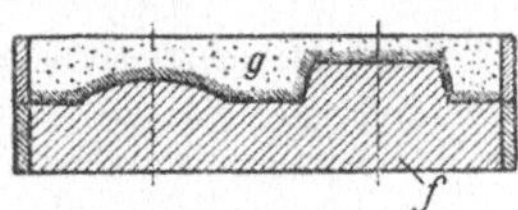

Bild 365. Verwendung der Gipsform Bild 364
f Gegenkehrplatte; g Sandabdruck

Arbeitsweise erhält man in einem Formkastenpaar doppelt so viel Abgüsse wie Modelle zum Herstellen der Formplatte benutzt wurden. Ist z. B. *ein* Modell, wie die Abbildungen zeigen, verwendet worden, so ergibt dies zwei Abgüsse, *zwei* Modelle nebeneinander würden eine Modellplatte ergeben für vier Abgüsse usw.

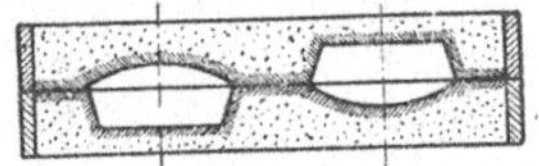

Bild 366. Fertige Form für zwei Abgüsse

C. Verschiedenes

61. Zahnradmodelle: Zahnkonstruktion für die Evolventenverzahnung. Bild 367 und Tab. 13 geben die Bezeichnungen und ihre Beziehungen zueinander an.

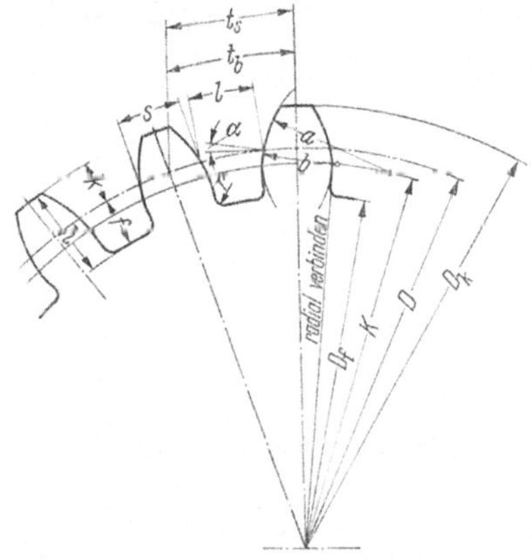

Bild 367. Bezeichnungen für die Evolventenverzahnung (s. Tab. 13. u. 14)

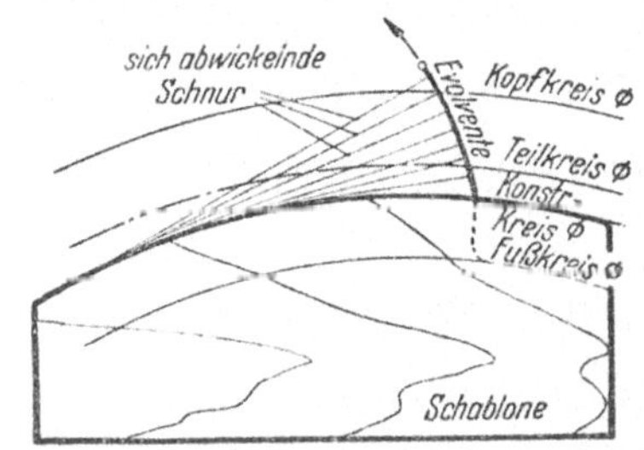

Bild 368. Genaue Evolvente, mittels Schnur aufzuzeichnen

Bild 369. Teilungsbeispiel

Die Halbmesser a und b sind mittels Tab. 14 zu berechnen. Zur besseren Erläuterung sind den Angaben der Tab. 13 Zahlenwerte zugrunde gelegt, indem ein Zahnrad mit $Z = 19$ Zähnen und Modul $m = 12$ als Beispiel angenommen worden ist. Die praktisch zulässigen Modul m sind in dem Normblatt DIN 780 festgelegt. Für die Stichmaße t_s findet man Hilfszahlen in Tab. 15. Bild 368 zeigt die Konstruktion der Evolvente mittels Schnur. Konstruktionsdurchmesser ist $K = D \cdot \cos \alpha$ mit $\alpha = 15 \cdots 20°$ (α = Eingriffswinkel, d.h. Flankenneigung am Teilkreisdurchmesser).

Tabelle 13. *Benennungen für die Evolventenverzahnung*

D	Teilkreisdurchmesser	D	$= Z \cdot m = 19 \cdot 12 = 228$ mm
Z	Zähnezahl	Z	$= D/m = 228/12 = 19$ Zähne
t_b	Teilung als Bogenmaß	t_b	$= m \cdot \pi = 12 \cdot 3{,}14 = 37{,}68$ mm
t_s	Teilung als Stichmaß (Tab. 15)	t_s	$= D \cdot$ Hilfszahl $= 228 \cdot 0{,}16460 = 37{,}53$ mm
m	Modul	m	$= t/\pi = 37{,}68/3{,}14 = 12$ $(t = t_b)$
K	Konstruktionsdurchmesser	K	$= D \cdot \cos 15° = 228 \cdot 0{,}966 = 220{,}2$ mm
D_k	Kopfkreisdurchmesser	D_k	$= D + (2\,k) = 228 + (2 \cdot 11{,}3) = 250{,}6$ mm
D_f	Fußkreisdruchmesser	D_f	$= D - (2\,f) = 228 - (2 \cdot 15) = 198{,}0$ mm
h	Zahnhöhe	h	$= f + k = 15 + 11{,}3 = 26{,}3$ mm
k	Zahnkopf	k	$= 0{,}3\,t = 11{,}3$ mm $(t = tb)$
f	Zahnfuß	f	$= 0{,}4\,t = 15$ mm
s	Zahnstärke	s	$= 19/40\,t = 17{,}9$ mm
l	Zahnlücke	l	$= 21/40\,t = 19{,}8$ mm
r	Fußabrundung	r	$= l/6 = 3{,}3$ mm

Tabelle 14. *Hilfszahlen zum Berechnen der Kopf- und Fußbogenhalbmesser a und b* (Bild 367).
Beispiel: $Z = 19$; $m = 12$; damit ist: $a = 3{,}22 \cdot 12 = 38{,}6$ mm; $b = 1{,}79 \cdot 12 = 21{,}5$ mm.

Zähnezahl Z	Hilfszahlen mit dem Modul malzunehmen		Zähnezahl Z	Hilfszahlen mit dem Modul m malzunehmen	
	für a	für b		für a	für b
10	2,28	0,63	28	3,92	2,59
11	2,40	0,83	29	3,99	2,67
12	2,51	0,96	30	4,06	2,76
13	2,62	1,09	31	4,13	2,85
14	2,72	1,22	32	4,20	2,93
15	2,82	1,34	33	4,27	3,01
16	2,92	1,46	34	4,33	3,09
17	3,02	1,58	35	4,39	3,16
18	3,12	1,69	36	4,45	3,26
19	3,22	1,79	37··· 40	4,20	
20	3,32	1,89	41··· 45	4,63	
21	3,41	1,98	46··· 51	5,06	
22	3,49	2,06	52··· 60	5,74	
23	3,57	2,15	61··· 70	6,52	
24	3,64	2,24	71··· 90	7,72	
25	3,71	2,33	91···120	9,78	
26	3,78	2,44	121···180	13,38	
27	3,85	2,50	181···360	21,62	

62. Kleine Stirn- und Kegelräder bis 100 mm Dmr. Diese Modelle werden aus *Hirnholzscheiben* bis zum Kopfkreisdurchmesser gedreht, wobei man Teil-, Konstruktions- und Fußkreisdurchmesser anlaufen läßt. Nachträglich werden die Zähne aufgerissen und ausgearbeitet. Besteht die Möglichkeit, die Zähne zu fräsen (bei Stirnrädern), so muß nach der Fertigstellung eine Verjüngung an jedem Zahn angefeilt werden. Bei Pfeilverzahnung wird das Modell geteilt. Werkstoff: Birn- oder Ahornholz.

63. Mittelgroße Zahnräder bis 500 mm Dmr. **a)** Hirnholzsegmente werden auf dem bereits *fertig* gedrehten Modell, das etwas kleiner ist als der Fußkreis,

Tabelle 15. *Hilfszahlen für die Stichmaße t_s von Kreisteilungen* (Bild 367)

Die Hilfszahlen sind mit dem Durchmesser des Kreises malzunehmen.

Beispiel: Ein Kreis von 228 mm Durchmesser ist in 19 Teile zu teilen. Die Hilfszahl für $n = 19$ ist $= 0{,}16460$; sie wird mit dem Durchmesser malgenommen, also $0{,}16460 \cdot 228 = 37{,}53$ mm (Bild 369).

Teilung n	Hilfszahl	Teilung n	Hilfszahl	Teilung n	Hilfszahl	Teilung n	Hilfszahl
1	0,00000	26	0,12054	51	0,06156	76	0,04132
2	1,00000	27	0,11609	52	0,06038	77	0,04079
3	0,86603	28	0,11196	53	0,05924	78	0,04027
4	0,70711	29	0,10812	54	0,05814	79	0,03976
5	0,58779	30	0,10453	55	0,05709	80	0,03926
6	0,50000	31	0,10117	56	0,05607	81	0,03878
7	0,43388	32	0,09802	57	0,05509	82	0,03830
8	0,38268	33	0,09506	58	0,05414	83	0,03784
9	0,34202	34	0,09227	59	0,05322	84	0,03739
10	0,30902	35	0,08964	60	0,05234	85	0,03695
11	0,28173	36	0,08716	61	0,05148	86	0,03652
12	0,25882	37	0,08481	62	0,05065	87	0,03610
13	0,23932	38	0,08258	63	0,04985	88	0,03569
14	0,22252	39	0,08047	64	0,04907	89	0,03529
15	0,20791	40	0,07846	65	0,04831	90	0,03490
16	0,19509	41	0,07655	66	0,04758	91	0,03452
17	0,18375	42	0,07473	67	0,04687	92	0,03414
18	0,17365	43	0,07300	68	0,04618	93	0,03377
19	0,16460	44	0,07143	69	0,04551	94	0,03341
20	0,15643	45	0,06976	70	0,04487	95	0,03306
21	0,14904	46	0,06824	71	0,04423	96	0,03272
22	0,14232	47	0,06679	72	0,04362	97	0,03238
23	0,13617	48	0,06540	73	0,04302	98	0,03205
24	0,13053	49	0,06407	74	0,04244	99	0,03173
25	0,12533	50	0,06279	75	0,04188	100	0,03141

aufgeleimt, dann wird das Aufgeleimte (Bild 370) überdreht und fertiggestellt wie in Abschn. 62.

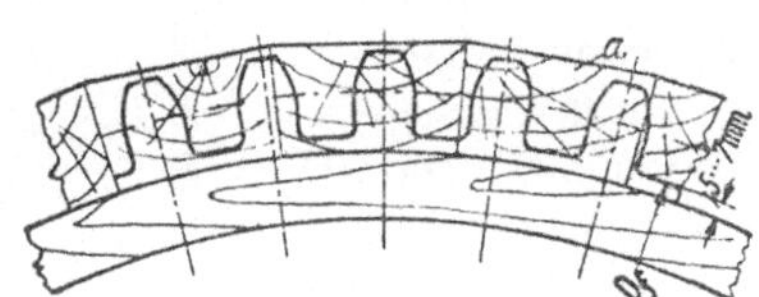

Bild 370. Aufbau eines mittelgroßen Zahnradmodelles
a Hirnholzsegmente; D_f Fußkreis

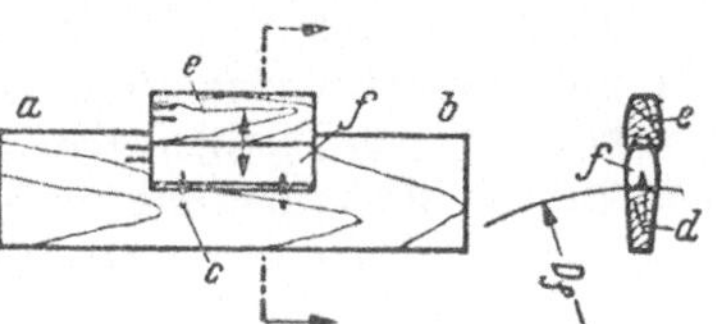

Bild 371. Zahnschablone
a Oberteilseite; *b* Unterteilseite; *c* Stifte zum Festheften; *d* Querschnitt der Schablone; *e* Holzbacken (Zahn) beim Einsetzen in die Lücke *f*

b) Die Zähne werden in einer Zahnschablone (Bild 371) einzeln ausgehobelt, dann an die Fußkreisfläche stumpf angeleimt und angestiftet oder angeschraubt (Bild 372). Die Zahnschablone Bild 371 muß verjüngt sein, d. h. nach dem Oberteil (*a*) zu muß der Zahn etwas stärker werden als gegen das Unterteil (*b*). Um beim Aufleimen der Zähne keine Verwechslung zu bekommen, erhält jeder Zahn nach dem Aushobeln auf einer Seite ein Zeichen (s. den Doppelstrich = Bild 371).

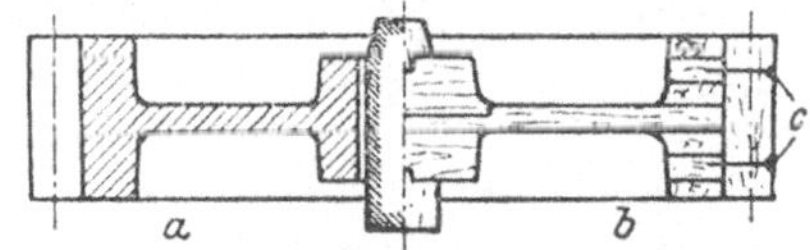

Bild 372. Mittelgroßes Zahnradmodell
a Modellriß; *b* Modellaufbau; *c* Stifte zum Befestigen der Zähne

c) Wird der Radkörper schabloniert, so können die Zähne auch mittels *Kernkasten* ausgeführt werden. Diese Arbeitsweise kommt dann in Betracht, wenn keine Zahnradformmaschine oder diese nicht mit entsprechenden Ausmaßen vorhanden ist (bzw. auch bei großen Pfeilverzahnungen).

Beispiel: Bilder 373···376. *Für die Verzahnung* wird der Kernkasten (Bild 374) mit 6 Zähnen verwendet. In diesem Kernkasten werden 6 Kerne geformt, zusammen 36 Zähne.

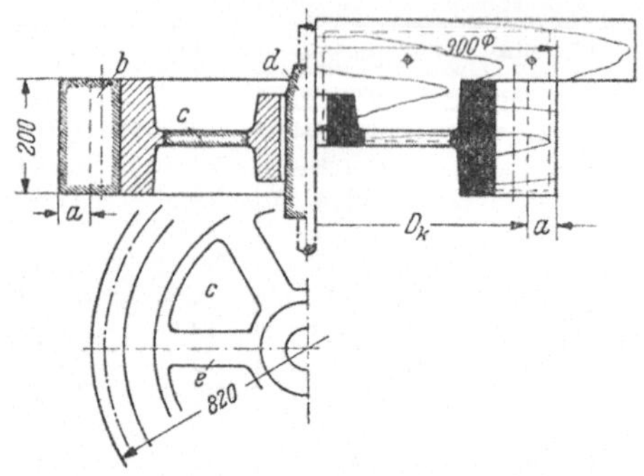

Bild 373. Modellriß und Schablone für ein Zahnrad

a Kernmarke für die Verzahnung; *b* Kern für Zahnkranz; *c* Kern für 6 Durchbrüche; *d* Bohrungskern; *e* 6 Arme; D_k Kopfkreisdurchmesser

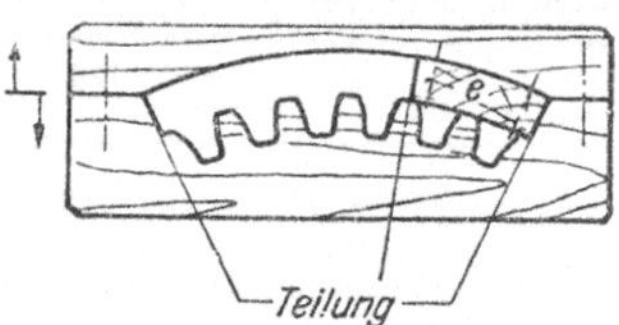

Bild 374. Kernkasten für die Verzahnung

e Einlage

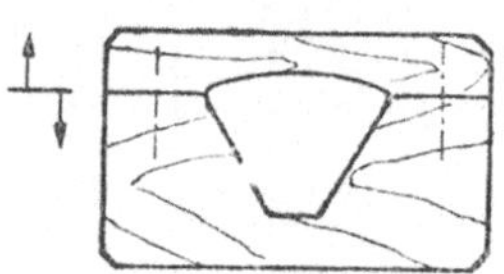

Bild 375. Kernkasten für Kern *c* (Bild 373)

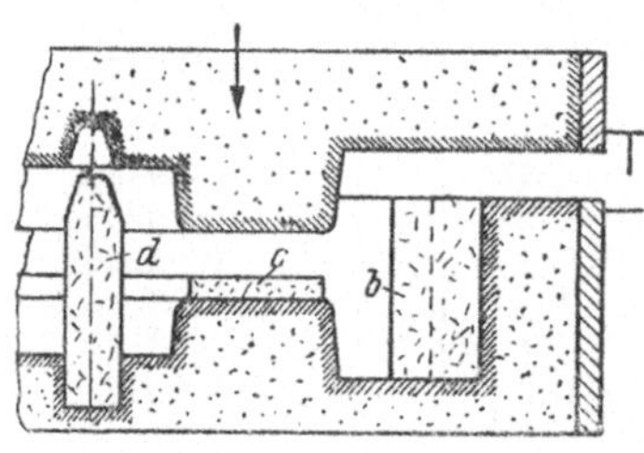

Bild 376. Fertige Form. *b*, *c* und *d* wie Bild 373

Dazu 1 Kern mit nur 4 Zähnen (mit Einlage im Kernkasten), also: 36 + 4 = 40 Zähne. Die Teilung des Zahnkranzes (Bild 374) erfolgt auf der Zahnmitte, also 5 + 2/2 = 6 Zähne. Für den Kern mit 4 Zähnen wird die Einlage *e* eingeschraubt, welche 1 + 2/2 = 2 Zähne abdämmt. Für die 6 Durchbrüche wird der Kernkasten (Bild 375) angefertigt, in welchem 6 Kerne geformt werden (Arme, Naben und Kernmarken s. auch Abschn. 53).

64. Große Zahnräder. Der R a d k ö r p e r wird s c h a b l o n i e r t und die Z ä h n e werden mittels Zahnstückes auf der *Zahnradformmaschine* geformt. Das Zahnstück, auch Zahnstoß oder Zahnlarve genannt, ist ein Modellstück einer Zahnlücke, das von zwei halben Zähnen begrenzt ist. Naben über 300 mm Dmr. werden schabloniert (unter 300 mm Dmr. und Arme s. Abschn. 53), und zwar wird die Oberteilnabe am Oberteil-Schablonenbrett aus-

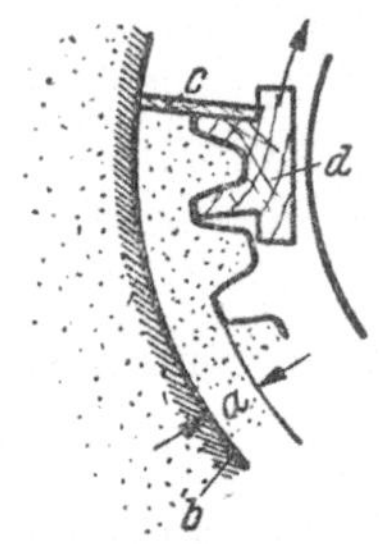

Bild 379. Aufstampfen der Zähne mit Zahnradformmaschine

a Sandfüllung; *b* schablonierter Durchmesser; *c* Anschlagbrett; *d* Zahnstück

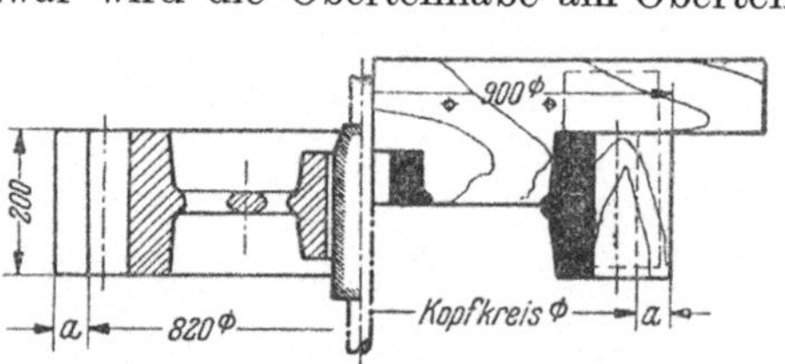

Bild 377. Modellriß und Schablone für ein großes Zahnrad

a Verbindung zwischen dem Sand der Zahnlücken mit dem Sand der Form

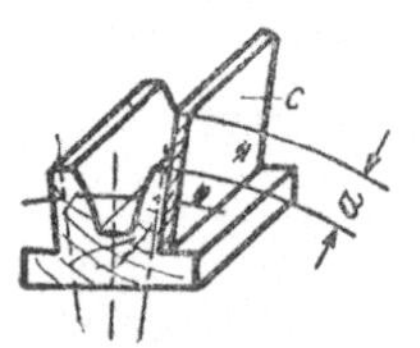

Bild 378. Zahnstück

c Anschlagbrett; *a* entsprechend Bild 377

geschnitten, und die Unterteilnabe wird am Oberteil-Schablonenbrett als Wandstärke angeschraubt. Die Kernmarken dazu werden als Modellstücke angefertigt. Für das Zahnstück (Bild 378) werden die Zähne auf einem Hirnholzklotz aufgerissen (Birn- oder Ahornholz), und eine Zahnlücke wird daraus ausgeschnitten bzw. gefräst. Dabei läßt man von den beiden Zähnen etwas über die Hälfte stehen. Das Anschlagbrett *c* wird so angeschraubt, daß es um *a* (Bilder 377···379) vorsteht. Beim *Formen der Zähne* mittels *Zahnstückes* auf der *Zahnradformmaschine* wird das Zahnstück senkrecht von der Führung der Zahnradformmaschine aus dem Sand gezogen, also muß die Zahnlücke nach oben verjüngt sein! Mittels Teilkopfes wird das Zahnstück – nachdem eine Zahnlücke fertig aufgestampft ist – um einen Zahnabstand (Teilung) in der Pfeilrichtung weitergedreht[1].

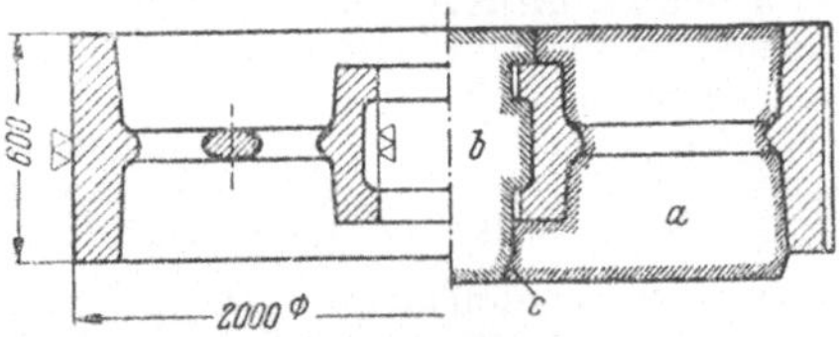

Bild 380. Schwungrad mit 6 Armen (Werkzeichnung und Modellriß)
a Armkern; *b* Bohrungskern; *c* Kegel

Teilkopfbeispiel: Es soll ein Zahnrad mit 40 Zähnen geformt werden.

Übersetzungsverhältnis
$= \text{Schnecke} : \text{Schneckenrad}\ i = 40 : 1$

Anzahl der Kurbelumdrehungen

$$= \frac{\text{Zähnezahl der Schnecke}}{\text{geforderte Teilung}}\ n_k = \frac{i}{t}$$

$n_k = \frac{40}{40} = 1$ d. h., daß die Teilkurbel für jeden Zahn einmal ganz herumgedreht werden muß.

Soll ein Zahnrad mit 30 Zähnen geformt werden, dann setzt man:

$n_k = \frac{40}{30} = 1\frac{10}{30} = 1\frac{1}{3}$; d. h., daß die Teilkurbel einmal ganz und dann noch 1/3 mal herumgedreht werden muß. Zum Einstellen der Teilumdrehungen muß ein Lochkreis benutzt werden, dessen Lochzahl durch 3 teilbar ist. Gewählt wird z. B. ein Lochkreis mit 15 Löchern: 15 : 3 = 5.

$$\text{Teilkurbel} \leftarrow 1\frac{5 \rightarrow 5 \text{ Löcher}}{15 \rightarrow \text{am Lochkreis } 15}$$

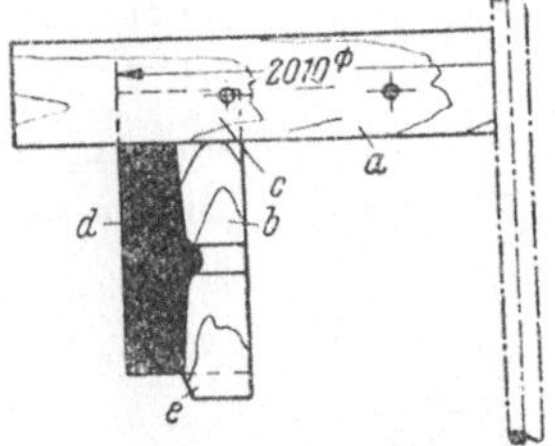

Bild 381. Schablone für den Außendruchmesser mit Kernmarke
a Längsbrett; *b* Querbrett; c Einzapfung; *d* Wandstärke, schwarz gestrichen; *e* Kernmarke

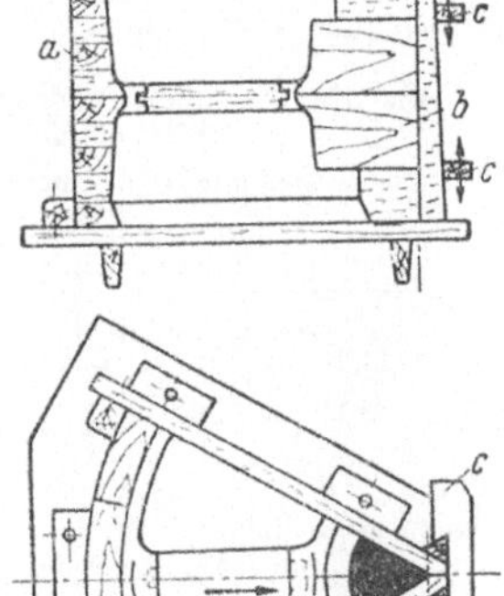

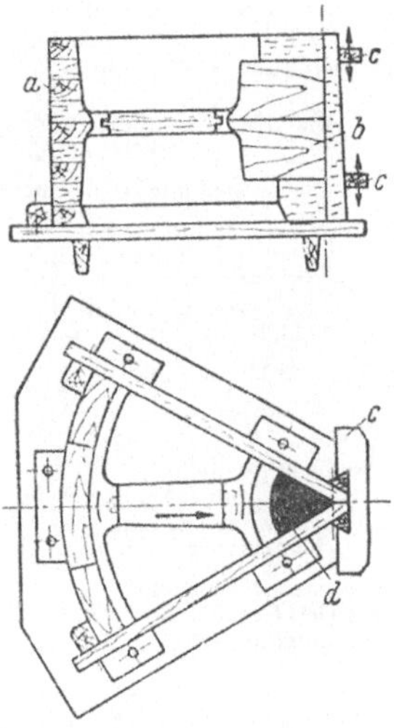

Bild 383. Kernkasten
a Segmentverleimung; *b* Nabe; *c* Klammern; *d* Kernmarke

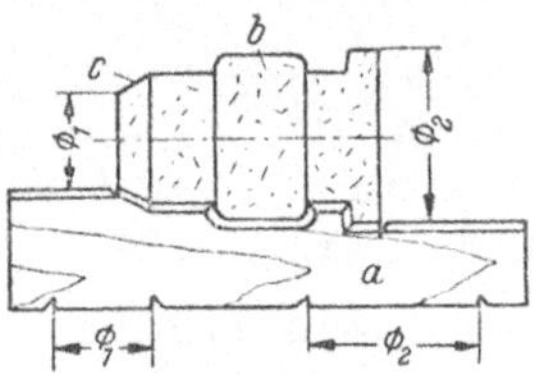

Bild 382. Kernschablone
a mit Bohrungskern *b*. *c* Kernsicherung

65. Arbeitsgang für ein Schwungrad (Bilder 380…384).

Bei der Ausführung wird für die Außenform eine *Schablone*, für die Innenform ein *Kernkasten*, der $^1/_6$ vom Umfang umfaßt, verwendet. Bild 380 zeigt das Schwungrad mit sechs Armen. Die durch den Modellriß angegebene Arbeitsweise gilt auch für Schwungräder mit mehrreihigen Armen. In Bild 381 ist die Schablone dargestellt. Zwecks Holzersparnis wird kein ganzes Brett als Schablone genommen, sondern ein Querbrett *b* wird bei *c* im rechten Winkel in ein Längsbrett *a* eingezapft. Der *Bohrungskern b* (Bild 380) wird mittels Schablonenbrett *a* (Bild 382) auf der Kerndrehbank hergestellt (vgl. Abschn. 54). Der Kegel *c* (Bild 380) wird ausgeführt, damit sich der Kern leichter in seine Form einsetzen läßt. Zu beachten ist, daß die obere Kernmarke

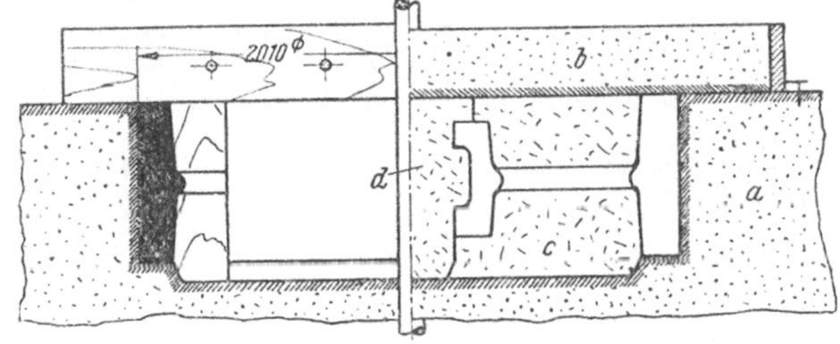

Bild 384. Ausschablonieren im Herd und zusammengesetzte Form
a Herd; *b* Oberteil; *c* Armkern; *d* Bohrungskern

[1] Vgl. Werkstattbuch Heft 70 „Handformerei“.

den größten Durchmesser haben muß, weil Kern *d* Bild 384 zuletzt eingelegt wird. Weiter wird für die Innenform ein $^1/_6$ Kernkasten ausgeführt. (Bei einem Schwungrad mit acht Armen müßte ein $^1/_8$ Kernkasten ausgeführt werden.) Der *Kernkasten* Bild 383 wird außen bei *a* mit Segmentverleimung hergestellt. Für die Nabe *b* wird nur eine Hälfte gedreht, aus welcher zwei Sechstel herausgeschnitten und in Achsrichtung zusammengesetzt werden. Die beiden Klammern *c* sind mit Schwalbenschwanznut versehen. Nachdem der Kernkasten fertig aufgestampft ist, werden die Klammern *c* gelöst, die Seitenteile abgeschraubt und der Arm in Pfeilrichtung aus dem Kern herausgezogen. Bild 384 zeigt das *Ausschablonieren im Herd* und die zusammengesetzte *Form*.

66. Schneckenmodelle. *Kleine* Schneckenmodelle werden bis zum Außendurchmesser gedreht, und der Gang wird mittels Schablone ausgestochen. Das Modell kann zweiteilig

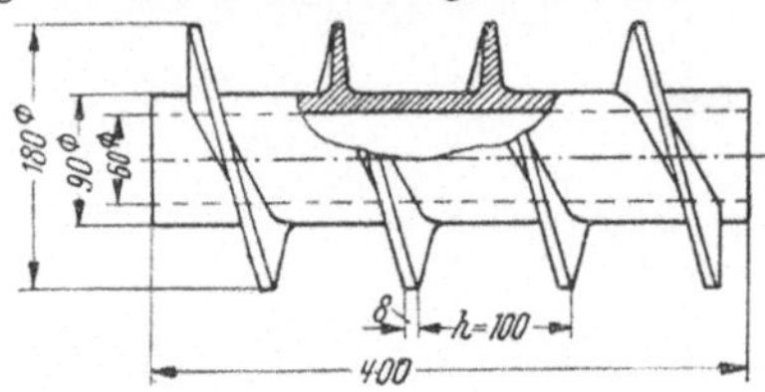

Bild 385. Eingängige Förderschnecke (Werkzeichnung)

h Steigung oder Ganghöhe

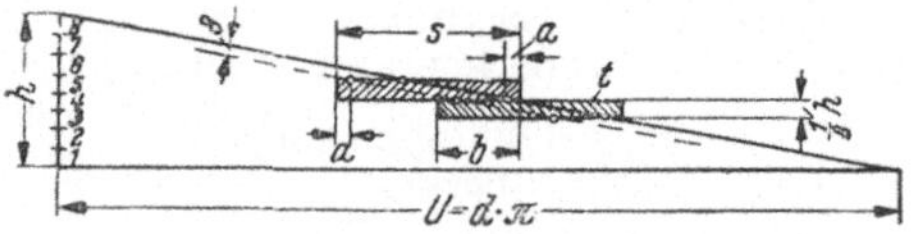

Bild 387. Bestimmung der Holzbreite und -stärke

h Ganghöhe; *s* Holzbreite (als Bogenmaß); *a* Bearbeitungszngabe (4···6 mm); *b* Leimfläche; *t* Holzteil

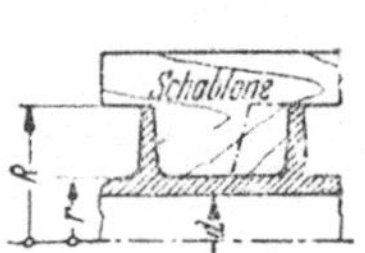

Bild 386. Modellriß.
—·—·— Begrenzung der einseitigen Schablone zum Vorarbeiten

d Bohrungsdurchmesser, zugleich Kernmarkendurchmesser

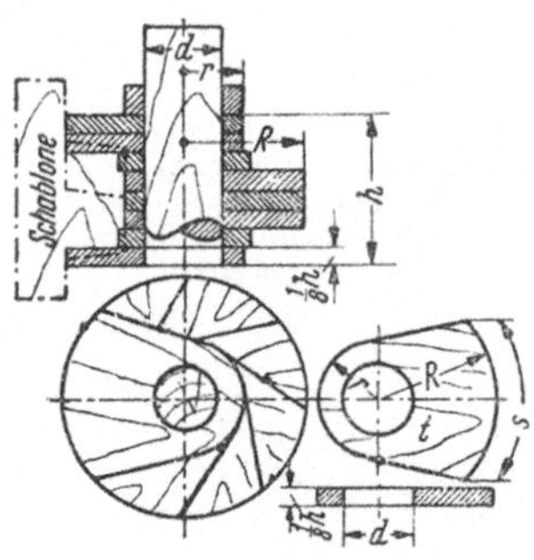

Bild 388. Modellaufbau

t Holzteil

sein, wobei jede Hälfte *liegend* in der Gangrichtung aus der Form herausgedreht wird. Um die so entstehende Gußnaht zu vermeiden, kann man Schneckenmodelle — soweit die Steigung gleichmäßig durchgeht — auch *stehend* aus der Form herausschrauben; das Modell wird in diesem Falle *nicht* geteilt. Als Beispiel sei eine eingängige Förderschnecke (Bild 385) in Betracht gezogen. Bild 386 zeigt den *Modellriß*, der die Maße für eine einseitige *Schablone* (strichpunktiert) zum *Vorarbeiten* und für eine ganze Schablone zum *Nacharbeiten* angibt. Zur Bestimmung der Holzbreite und -stärke wird die Zeichnung (Bild 387) angefertigt, die die Abwicklung eines Schraubenganges darstellt. Man erhält durch Rechnung:

$$d \cdot \pi = 180 \cdot 3{,}14 = 565{,}2 \text{ mm (Umfang } U)$$
$$^1/_8\, h = 100 : 8 = 12{,}5 \text{ mm} \quad \text{(Holzstärke)}.$$

Für den Modellaufbau (Bild 388) ergibt sich dann folgender *Arbeitsgang*: Ein Rundholz mit dem Kernmarkendurchmesser $d = 60$ mm und einer Länge von 500 mm wird gedreht. Weiter werden für je eine Steigung acht Stück Holzteile (Bilder 387 u. 388) zugerichtet und mit dem Durchmesser *d* auf der Drehbank (auf einem Pechfutter mit zwei Stiften befestigen) durchbohrt, wobei man *R* und *r* anlaufen läßt. Nach dem Drehen werden *R* und *r* ausgeschnitten und *genau* gefeilt bzw. am Schleifband geschliffen. Nun werden die Holzteile laut Bild 388 über das Rundholz geschoben und aufeinandergeleimt. Schließlich wird *R* und *r* verputzt, der Gang außen aufgerissen (mit einem Stahlband) und mit Hilfe der Schablone der eigentliche Schneckengang ausgearbeitet.

67. Modelle für Gesenke (Ober- und Unterstempel). Diese Gesenke dienen zur Herstellung von Preßstücken mit schwacher Wandstärke, z. B. Bild 389. Nach dieser Werkzeichnung wurden die Zeichnungen für Ober- und Unterstempel angefertigt und nach diesen wieder die Modelle. Bild 390 zeigt schematisch die fertigen Stempel. In den Bildern 391 und 392 erkennt man den *Arbeitsgang* für die *Modellanfertigung*: Zuerst wird ein Holzmodell für den Oberstempel angefertigt, und zwar, da die Abgüsse aus Gußeisen werden, mit 1% Schwindmaßzugabe (ohne Bearbeitungszugaben). Auf dieses Modell (Bild 391) werden stellenweise kleine Plättchen (*a*) aus Holz (Furnier) oder aus Metall mit 1,5 mm Stärke aufgelegt. Die restliche Fläche wird mit Glaserkitt oder Plastilin (*b*) geebnet und geglättet. Der Unterstempel entsteht dann, indem man um den Stempel herum einen Holzrahmen aufstellt und die Form mit einer Gipsmasse ausgießt (Bild 392).

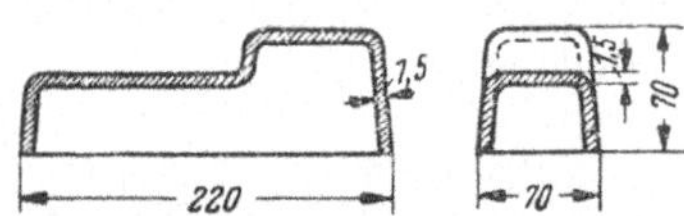

Bild 389. Werkzeichnung eines Deckels

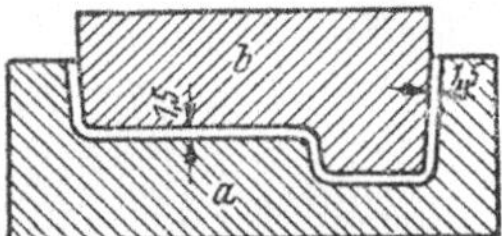

Bild 390. Fertiges Gesenk

a Unterstempel (Matrize); *b* Oberstempel (Ziehstempel)

Zum *Anmengen der Gipsmasse* wird der Gips in einen Behälter mit Wasser gleichmäßig so lange eingestreut, bis sich Gipsinseln bilden. Dann wird rasch mit der Hand vermengt und diese Masse *langsam* fließend in die Form gegossen, wo sie höher und höher steigt und in alle Fugen eindringen kann, ohne daß Luftblasen gefangen werden.

Bild 391. Herstellung des Oberstempelmodelles aus Holz

a kleine Plättchen (1,5 mm dick) aus Holz oder Metall; *b* Füllmasse

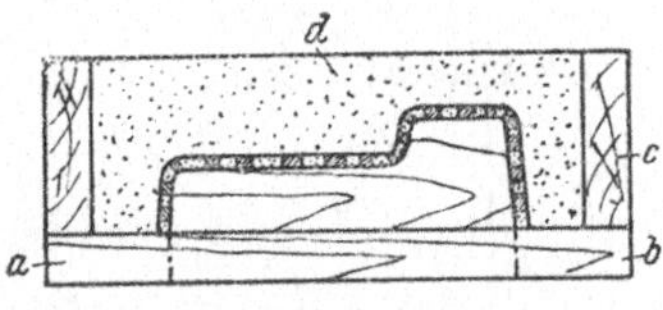

Bild 392. Unterstempelmodell aus Gips

a u. *b* Verlängerung zwecks Auflage für den Holzrahmen *c*; *d* Gipsausguß

Merke: Die Form wird vor dem Ausgießen mit einer dünnen Schellackschicht lackiert und eingeölt, um so ein leichtes Abheben des bereits erstarrten Unterstempelmodelles zu bewirken. Schließlich wird die 1,5 mm-Schicht entfernt, und die Verlängerungen *a*, *b* werden um das Modell abgeschnitten.

68. Kernrahmen. *Durchbrüche* (Fenster) an Gußstücken werden meist mit Kern geformt, seitliche Durchbrüche s. Abschn. 35 (S. 29). Aber oft kann man

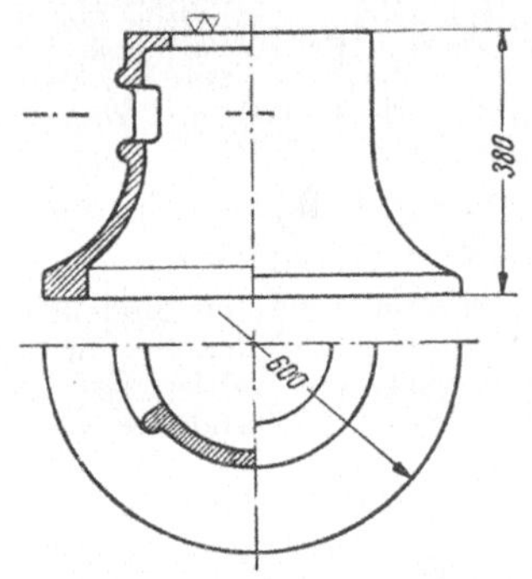

Bild 393. Untersatz (Werkzeichnung)

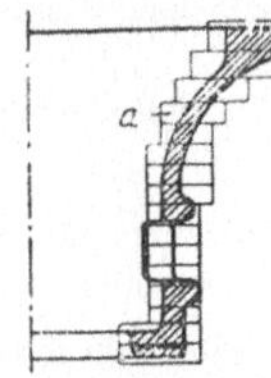

Bild 394. Modellriß zu Bild 393 (Naturmodell)

a Ringaufbau

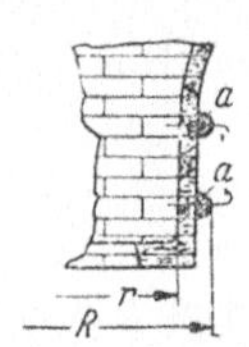

Bild 395. Modell nach Bild 394

a angestiftete Leisten

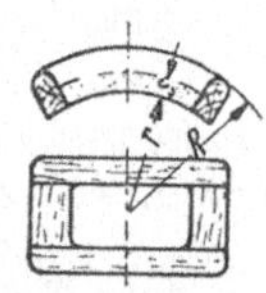

Bild 396. Kernrahmen

s Wandstärke aus der Stelle des Durchbruches; *r* u. *R* nach Bild 395

sich die Arbeit durch einen *Kernrahmen* erleichtern, wobei Kernmarke und Kernkasten wegfallen. Der Durchbruch muß dann in der Form aufgestampft werden, z. B. Bilder 393 bis 397. Das Modell wird als *Naturmodell* angefertigt (Bild 394).

Der *Wulst* um den Durchbruch herum wird aus Leisten, abnehmbar, mittels Stiften angebracht. Der Durchbruch selbst wird am Modell nicht ausgeführt. Beim Ausheben des Modelles bleiben die Leisten für den Wulst zuächst in der Form zurück. Sie werden für sich entfernt (Bild 397 bei *a*). Danach kann

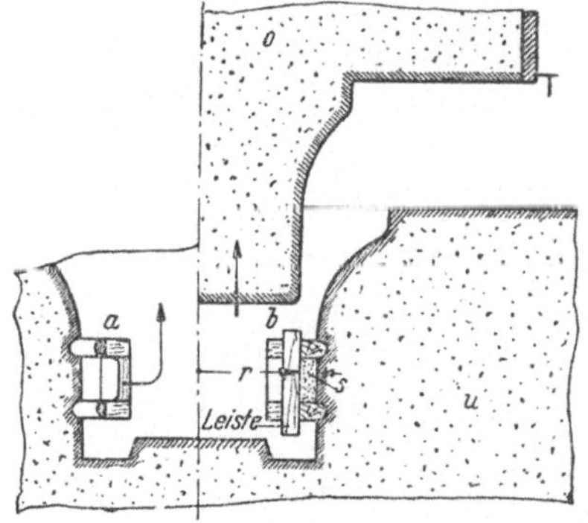

Bild 397. Herstellung der Form

u Unterteil (Herd); *o* Oberteil; *a* Entfernung der Wulstleisten; *b* Aufstampfen des Durchbruches; *r* entsprechend Bild 395; *s* Wandstärke

der *Kernrahmen* (Bild 396), der in die Wulstform hineinpaßt, aufgestampft werden (Bild 397 bei *b*). Die genaue Innenform (Rundung mit *r*) wird mit einer Leiste abgestreift.

69. Kernkastenmodelle. Zum Gießen von Kurbel- und Nockenwellen, als Beispiel, werden in der Praxis eine Anzahl von Flachkernen, die aufeinander-

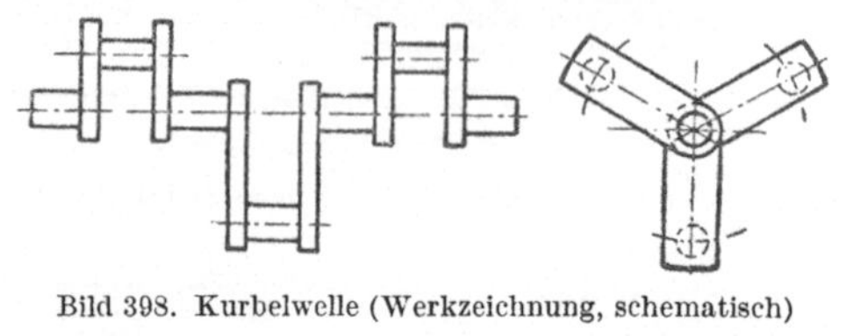

Bild 398. Kurbelwelle (Werkzeichnung, schematisch)

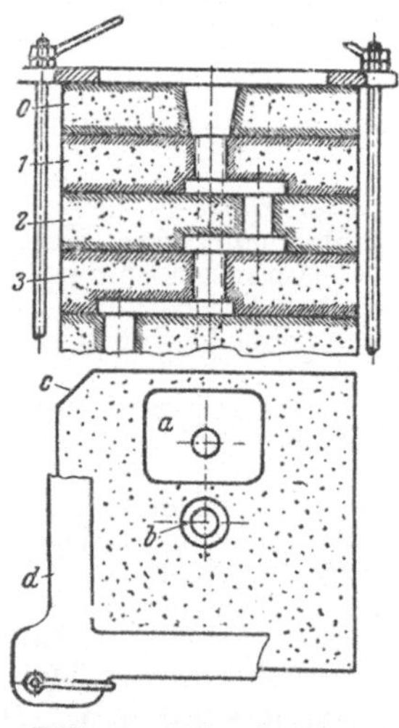

Bild 401. Aufbau der Form

0 oberster Flachkern für Einguß und Steiger; *1, 2, 3* usw. Kerne für die einzelnen Kurbeln *a* Einguß für steigenden Guß; *b* Steiger; *c* Kernsicherung (vgl. Bild 400); *d* Spannrahmen

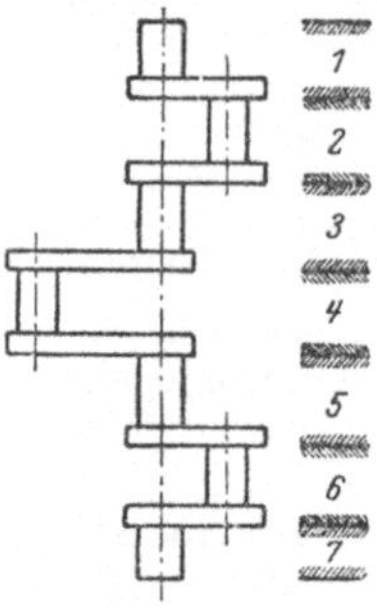

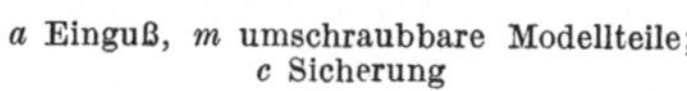

Bild 399. Modellriß zu Bild 398

1…7 Flachkerne

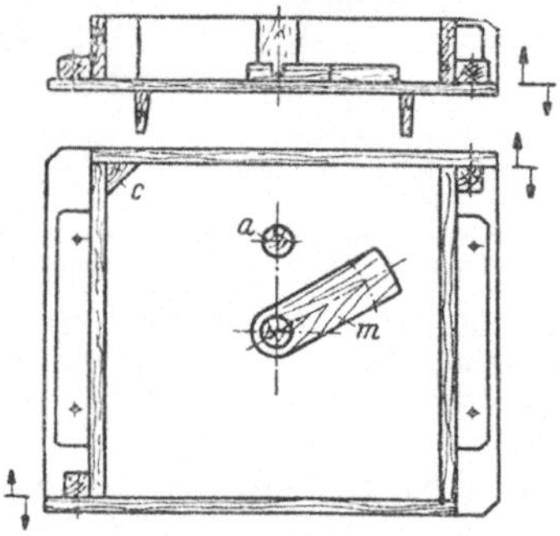

Bild 400. Kernkastenmodell, eingerichtet für Flachkern *1*

a Einguß, *m* umschraubbare Modellteile; *c* Sicherung

gebaut und entsprechend verschraubt werden, an Stelle der sonst üblichen Formen verwendet. Zu dieser Arbeitsweise benötigt man *Kernkastenmodelle.*

Als Beispiel ist in Bild 398 eine Kurbelwelle schematisch dargestellt, die laut Modellriß (Bild 399) stehend geformt werden soll. Bild 400 zeigt das Kernkastenmodell zum Flachkern 1. Die Modellteile können für die anderen Flachkerne umgeschraubt werden, so daß nur ein Kernkastenmodell erforderlich ist. Damit Flachkerne genau aufeinander passen, werden sie mit Lehren auf Sondermaschinen abgeschliffen. Sie können zwecks Ersparnis von Sand auch mit Aussparungen versehen werden. Sie werden schließlich gemäß Bild 401 aufgebaut und mittels Spannrahmen *d* zusammengeschraubt.

70. Modelle für Metallmodelle (Muttermodelle). Der Unterschied gegenüber den allgemeinen Modellen liegt darin, daß der Abguß von solchem Modell wieder für ein Modell (Metall) verwendet wird. Metallmodelle finden *Anwendung für Massenguß,* weil Holzmodelle nach mehrmaligem Abformen (je nach der Form ab 20 Stück) ausbesserungsbedürftig werden bzw. die Maße nicht behalten (Werfen, Schwinden, Reißen usw.). Metallmodelle sind auch mit entsprechenden Verjüngungen und Kegeln auszuführen; der *Anstrich ist der übliche,* das Muttermodell jedoch ist mit *farblosem Anstrich* zu versehen (Abschn. 11). Ihrem Zweck entsprechend müssen diese Modelle besondere Eigenschaften aufweisen:

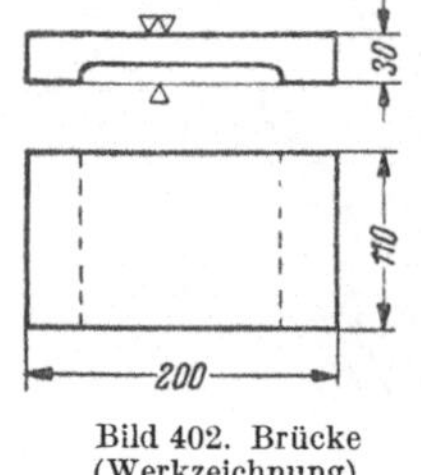

Bild 402. Brücke (Werkzeichnung)

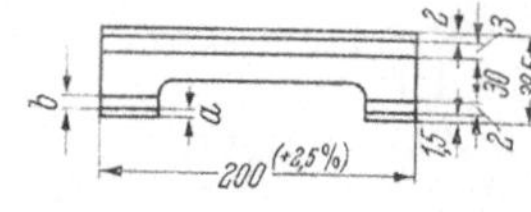

Bild 403. Modellriß zu Bild 402

a Bearbeitungszugabe für das Metallmodell; *b* Bearbeitungszugabe für den Abguß

a) Doppeltes Schwindmaß. Wird das Metallmodell zu Bild 402 z. B. aus Aluminium und der eigentliche Abguß aus Grauguß hergestellt, so ist zuzugeben: 1,5% Schwindmaß für das Metallmodell, dazu 1% Schwindmaß für den eigentlichen Abguß. Somit ist dieses Modell mit 2,5% Schwindmaß auszuführen (Bild 403).

b) Doppelte Bearbeitung. Und wieder: zunächst eine Bearbeitungszugabe für das Metallmodell, wo Bearbeitungszeichen angegeben sind. Flächen, welche am eigentlichen Abguß nicht bearbeitet werden, bekommen keine Bearbeitungszugabe, sie werden nur überfeilt bzw. ziseliert. Die zweite Bearbeitungszugabe gilt für den eigentlichen Abguß. Sämtliche Maße sind mit 2,5% Schwindmaß auszuführen: die Länge ist also in diesem Fall 205 mm statt 200 mm, im Naturmaß gemessen.

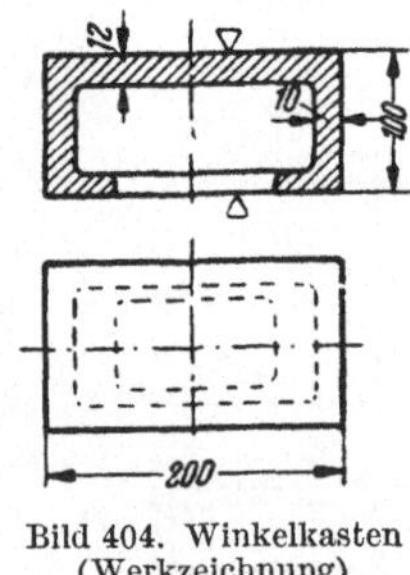

Bild 404. Winkelkasten (Werkzeichnung)

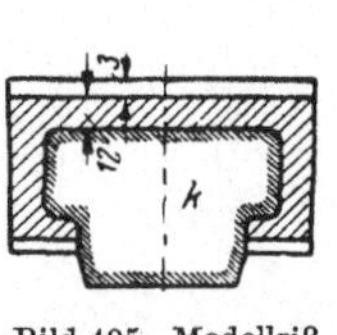

Bild 405. Modellriß
k Kern für den eigentlichen Guß

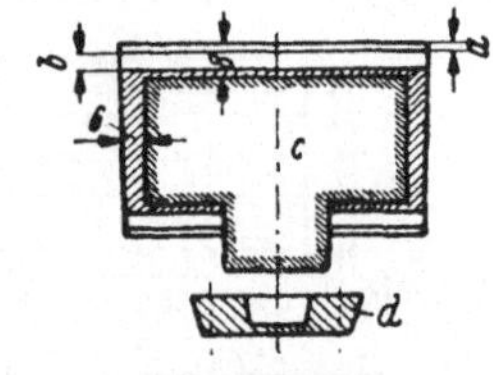

Bild 406. Modellriß für das Muttermodell
a Bearbeitungszugabe für das Metallmodell; *b* desgl. für den Abguß; *c* Kern für das Metallmodell; *d* Kernmarke (wird angeschraubt)

c) Gewindelöcher. Um das Modell mittels Ringschraube (Abschn. 12) aus der Form ziehen zu können.

d) Bei Kernmodellen (Modelle mit Kern) muß man, um für das Metallmodell eine Wandstärke von 5···7 mm zu bekommen, außer dem eigentlichen Kernkasten noch einen weiteren Kernkasten anfertigen, für den auch Kernmarken vorzusehen sind. Als Beispiel möge der *Winkelkasten* Bild 404 dienen. Den Modellriß mit dem Kern für den eigentlichen Guß zeigt Bild 405. Dazu kommt in Bild 406 ein weiterer Modellriß für das Muttermodell. Dieser gibt an, wie das Holzmodell, der zugehörige Kern und die anzuschraubende Kernmarke zu gestalten sind.

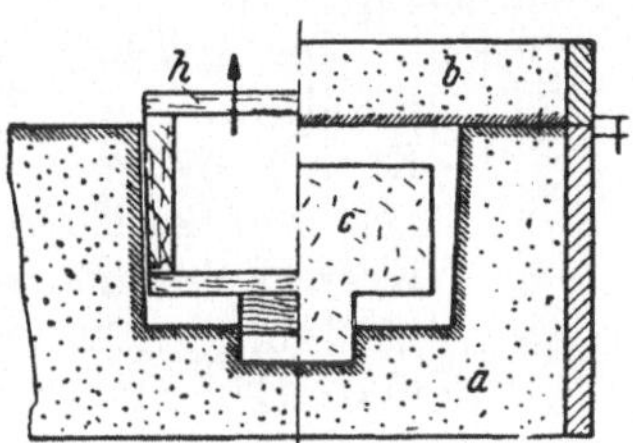

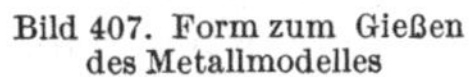
Bild 407. Form zum Gießen des Metallmodelles
a Unterkasten; *b* Oberkasten; *c* Kern (Bild 406); *h* Holzmodell (Muttermodell)

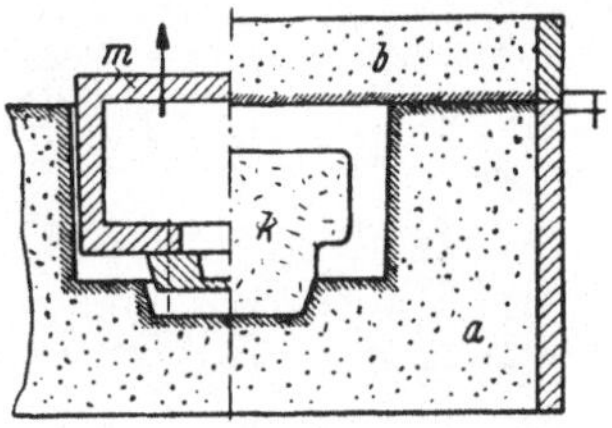

Bild 408. Form für den eigentlichen Abguß
a Unterkasten; *b* Oberkasten; *k* Kern (Bild 405); *m* Metallmodell

Merke: Bei Muttermodellen immer Naben, Scheiben, Kernmarken u. dgl. gesondert als Modellteile anfertigen, um diese und den Metallkörper leichter bearbeiten zu können. Für die Schwindmaße usw. gilt das bereits oben Gesagte. Die Kernmarke *d* (Bild 406) ist gesondert als Modellteil anzufertigen und wird, nachdem das Metallmodell fertig bearbeitet ist, an dieses angeschraubt. In den Bildern 407 und 408 erkennt man den Aufbau der Formen für das Metallmodell und für den eigentlichen Abguß.

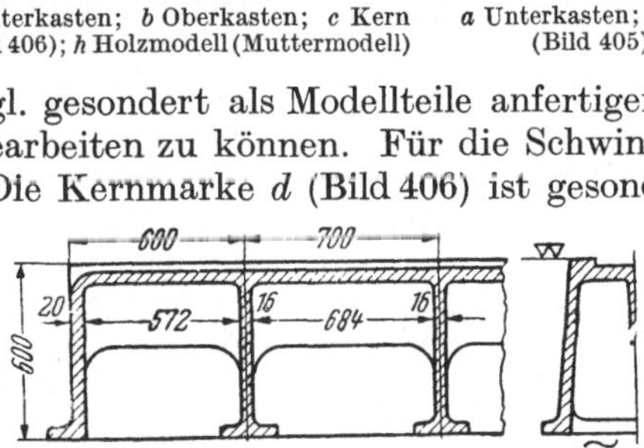

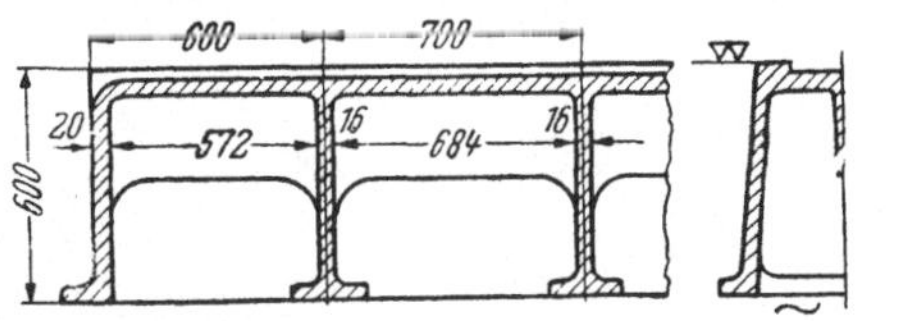

Bild 409. Teil einer Werkzeichnung

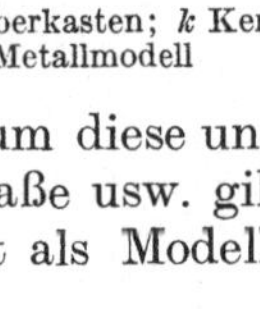

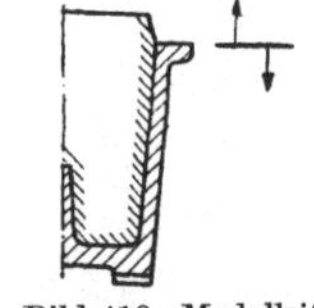
Bild 410. Modellriß zu Bild 409

71. Skelettmodelle. Große Modelle der Güteklasse 3 sind aus Holz- und Zeitersparnisgründen nur in ihren Konturen auszuführen (Bilder 409···416).

Merke: Kanten und Formen sind auszufüllen, Flächen können offen bleiben (Bilder 411). Rahmenkernmarken K_{I} u. K_{II} (Bild 411) können auch sonst bei großen Modellen Anwendung finden. Vorteile: Große Holzersparnis und genauere Maßhaltigkeit. Letzteres, weil große Plattenkernmarken stark schwinden, aber verschlitzte Rahmenkernmarken ihre Maße beibehalten. Der Former füllt bei Oberteil-Rahmenkernmarken die offene Fläche vor dem Einformen mit Sand aus; bei Unterteil-Rahmenkernmarken wird der stehengebliebene, überschüssige Sand nach Entfernen des Modelles herausgenommen.

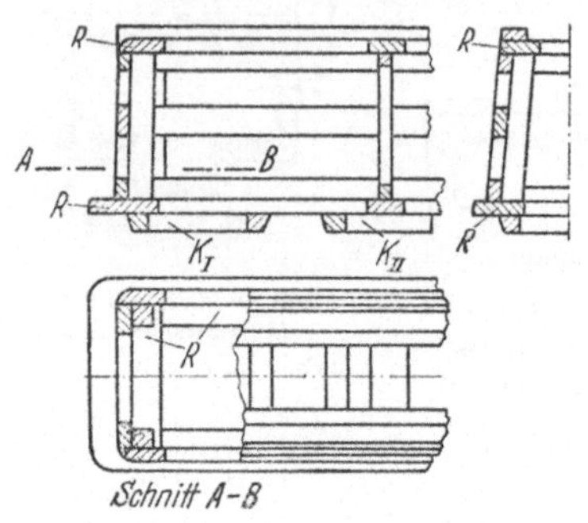

Bild 411. Skelettmodell als Rahmenbau
K_I Rahmenkernmarke für Kern I;
K_{II} Rahmenkernmarke für Kern II

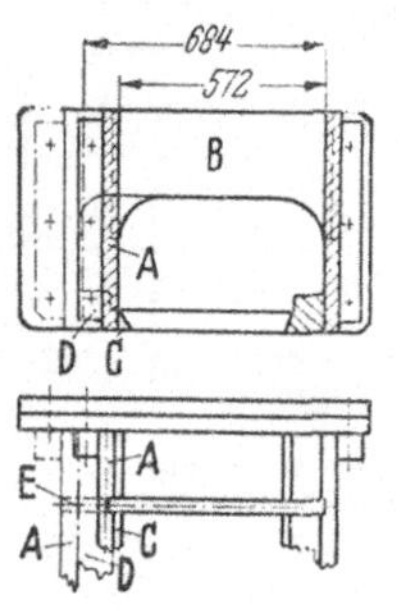

Bild 412. Kernkasten zum Umschrauben

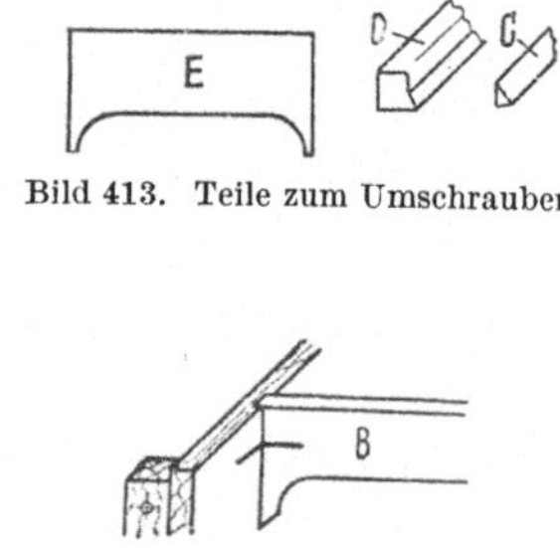

Bild 413. Teile zum Umschrauben

Bild 414. Teil „B“ auf Zeichen I

Große Kernkästen sind für mehrere *formähnliche* Kerne zum *Umschrauben* zusammenzubauen. Im Beispiel Bild 412 sind nur zwei Umschraubungen veranschaulicht. Die Umschraubteile sind laufend und gleichlautend zu ihren Sitzflächen im Kernkasten zu zeichnen. Zum Beispiel: „B“ auf Zeichen I (Bild 414).

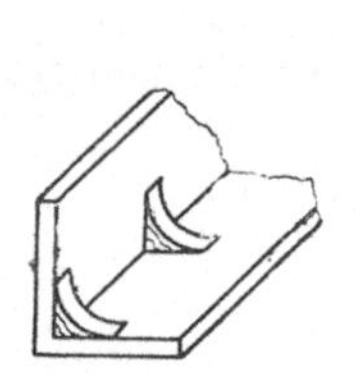

Bild 415. Hohlkehlwinkel im Kernkasten oder am Modell

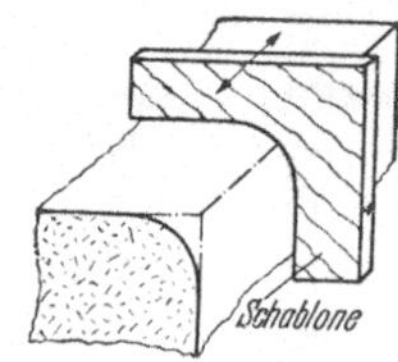

Bild 416. Abrundung am Kern = Hohlkehle im Kernkasten; oder Abrundung der Formkante = Hohlkehle am Modell

Die Anschrift auf der Kernkastenaußenwand muß im Beispiel Bild 412 lauten: Kern 1, 572 mm lang mit „A“, „B“ und „C“ auf Zeichen I, ohne „D“ und „E“. Kern II, 684 mm lang mit „A“ auf Zeichen II, „D“ und „E“ auf Zeichen I, ohne „B“ und „C“.

Hohlkehlen werden bei Güteklasse 3 am Modell und im Kernkasten nicht ausgeführt, sondern mit schwarzen-Strichen gekennzeichnet und mit Angabe des Halbmessers versehen. Sind jedoch genauere Hohlkehlen am Modell oder im Kernkasten notwendig, z. B. bei Wandstärken, dann sind Hohlkehlwinkel und Hohlkehlschablonen zu fertigen (Bilder 415 u. 416). Der Former führt danach die Hohlkehle durch Abrunden der Form oder des Kernes selbst durch.

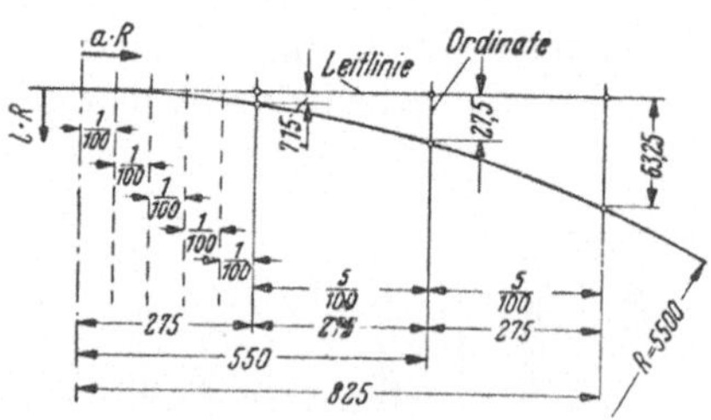

Bild 417. Aufzeichnen einer Kreislinie mit Hilfe der Ordinatentabelle

72. Kreisbögen mit Hilfe der Ordinatentabelle. Wenn im Modellbau für Schablonen, Modelle und Modellteile Kreisbögen mit großen Halbmessern aufzureißen und die Zeichengeräte nicht mehr zureichend sind oder der Raum für das übliche Aufzeichnen zu klein ist, kann man mit Hilfe der Ordinatentabelle (Tab. 16) diese Kreisbögen zeichnen, ohne ihren Mittelpunkt zu benutzen. In der Tabelle stellt a die Hilfszahl zur Bestimmung des waagerechten Abstandes der Ordinaten also in Richtung der

Leitlinie (Bild 417) dar, während mit l die Ordinatenlänge von der Leitlinie bis zum Kreisbogen berechnet wird. Beide Werte a und l sind mit dem Halbmesser R des Kreisbogens malzunehmen. Der Abstand der Ordinaten kann bei größeren Halbmessern auch größer gewählt werden, indem man zwischenliegende Punkte fortläßt und nur jeden dritten, vierten, fünften oder höheren Wert der Tab. 16 verwendet. *Beispiel*: Es ist ein Kreisbogen mit einem Halbmesser $R = 5500$ mm aufzureißen. Zuerst wird die Leitlinie gezeichnet und der waagerechte Abstand der Ordinaten bestimmt. Gewählt werde in diesem Falle jeder fünfte Wert, also Abstände in der Größe von $^5/_{100}$ des Halbmessers (Bild 417). Die Abstände und die Längen der Ordinaten berechnet man dann mit Hilfe der Tab. 16, indem man die Hilfszahlen a und l mit $R = 5500$ malnimmt:

a	$a \cdot 5500$	l	$l \cdot 5500$
0,05	275 mm	0,0013	7,15 mm
0,10	550 „	0,005	27,5 „
0,15	825 „	0,0115	63,25 „

Die so gefundenen Punkte sind mit einer biegsamen Leiste zu verbinden.

Tabelle 16. *Ordinatentabelle. Hilfszahlen a für Abstand und l für Länge der Ordinaten* (a und l sind mit dem Halbmesser des zu zeichnenenden Kreisbogens malzunehmen.)

a	l	a	l	a	l	a	l
0,01	0,0001	0,14	0,0098	0,27	0,0371	0,39	0,0794
0,02	0,0002	0,15	0,0115	0,28	0,0400	0,40	0,0835
0,03	0,0005	0,16	0,0129	0,29	0,0429	0,41	0,0879
0,04	0,0008	0,17	0,0145	0,30	0,0461	0,42	0,0925
0,05	0,0013	0,18	0,0161	0,31	0,0493	0,43	0,0972
0,06	0,0018	0,19	0,0182	0,32	0,0526	0,44	0,1020
0,07	0,0025	0,20	0,0202	0,33	0,0560	0,45	0,1070
0,08	0,0032	0,21	0,0223	0,34	0,0596	0,46	0,1121
0,09	0,0041	0,22	0,0245	0,35	0,0633	0,47	0,1174
0,10	0,0050	0,23	0,0268	0,36	0,0671	0,48	0,1227
0,11	0,0061	0,24	0,0292	0,37	0,0710	0,49	0,1283
0,12	0,0072	0,25	0,0318	0,38	0,0750	0,50	0,1340
0,13	0,0085	0,26	0,0344				

73. Kegel- und Kegelwinkelberechnung[1] für Drehbankarbeiten (Bild 418).

a) Kegelberechnung (Kegelverhältnis), z. B.: Großer Durchmesser $D = 44$ mm, kleiner Durchmesser $d = 22$ mm, Länge $L = 66$ mm;

$$\text{Kegel} = \frac{D-d}{L} = \frac{44-22}{66} = \frac{1}{3} = 1:3\,,$$

d. h. bei je 3 mm Länge steigt bzw. fällt der Kegeldurchmesser um 1 mm.

b) Kegelwinkelberechnung (Tangens α). Der Tangens eines Kegelwinkels ist das Verhältnis des Halbmesserunterschiedes $R-r$ zur Länge L, z. B.:

$D = 44$ mm Durchmesser, $R = 22$ mm Halbmesser,
$d = 22$ mm Durchmesser $r = 11$ mm Halbmesser
$L = 66$ mm Länge

$$\tan\alpha = \frac{R-r}{L} = \frac{22-11}{66} = \frac{1}{6} = 1:6 = 0{,}167.$$

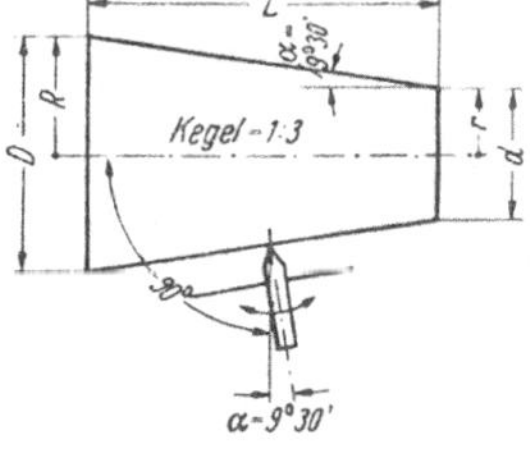

Bild 418. Kegeldrehen

Dieser Zahl am nächsten findet man in der Tab. 17 den Wert 0,1673 und dazu gehörend den Winkel $\alpha = 9°30'$. Der Werkzeugschlitten ist somit um 9°30' zu verstellen.

[1] Vgl. Werkstattbuch Heft 63 „Der Dreher als Rechner".

Tabelle 17. *Tangenstabelle*

Grad	Tangens (tan)					
	0′	10′	20′	30′	40′	50′
0	0,0000	0,0029	0,0058	0,0087	0,0116	0,0145
1	0,0175	0,0204	0,0233	0,0262	0,0291	0,0320
2	0,0349	0,0378	0,0407	0,0437	0,0466	0,0495
3	0,0524	0,0553	0,0582	0,0612	0,0641	0,0670
4	0,0699	0,0728	0,0758	0,0787	0,0816	0,0846
5	0,0875	0,0904	0,0933	0,0963	0,0992	0,1022
6	0,1051	0,1080	0,1110	0,1139	0,1169	0,1198
7	0,1228	0,1257	0,1287	0,1316	0,1346	0,1376
8	0,1405	0,1435	0,1465	0,1494	0,1524	0,1554
9	0,1584	0,1614	0,1643	0,1673	0,1703	0,1733
10	0,1763	0,1793	0,1823	0,1853	0,1883	0,1914
11	0,1944	0,1974	0,2004	0,2034	0,2065	0,2095
12	0,2126	0,2156	0,2186	0,2217	0,2247	0,2278
13	0,2309	0,2339	0,2370	0,2401	0,2432	0,2462
14	0,2493	0,2524	0,2555	0,2586	0,2617	0,2648
15	0,2679	0,2711	0,2742	0,2773	0,2805	0,2836
16	0,2867	0,2899	0,2930	0,2962	0,2994	0,3026
17	0,3057	0,3089	0,3121	0,3153	0,3185	0,3217
18	0,3249	0,3281	0,3314	0,3346	0,3378	0,3411
19	0,3443	0,3476	0,3508	0,3541	0,3574	0,3607
20	0,3640	0,3673	0,3706	0,3739	0,3772	0,3805
21	0,3839	0,3872	0,3905	0,3939	0,3973	0,4006
22	0,4040	0,4074	0,4108	0,4142	0,4176	0,4210
23	0,4245	0,4279	0,4314	0,4348	0,4383	0,4417
24	0,4452	0,4487	0,4522	0,4557	0,4592	0,4628
25	0,4663	0,4698	0,4734	0,4770	0,4805	0,4841
26	0,4877	0,4913	0,4949	0,4986	0,5022	0,5059
27	0,5095	0,5132	0,5169	0,5206	0,5243	0,5280
28	0,5317	0,5354	0,5392	0,5430	0,5467	0,5505
29	0,5543	0,5581	0,5619	0,5658	0,5696	0,5735
30	0,5773	0,5812	0,5851	0,5890	0,5930	0,5969

74. Gewichtsbestimmung von Gußstücken.

a) Aus dem Modellgewicht.

Tabelle 18. *Verhältniszahlen zwischen Guß- und Modellgewichten (Faktor f = G/M)*

Modell aus:	Faktor *f* bei Abguß aus:									
	Grauguß	Gußmessing	Gußbronze	Rotguß	Zink	Al-Guß	Stahlguß	Kupfer	10% Alum.-Bronze	Temperguß
Birnbaumholz ...	10,2	11,5	11,8	11,9	9,8	3,8	11,2	11,9	10,1	11,0
Birkenholz	10,6	11,9	12,2	12,3	10,2	4,0	11,7	12,3	11,7	11,6
Fichtenholz	14,3	16,5	15,7	16,3	13,3	4,9	15,5	15,8	15,3	15,1
Erlenholz	12,8	14,3	14,7	14,9	12,2	4,6	13,6	15,0	13,2	13,5
Buchenholz, rot ..	9,7	10,9	11,3	11,4	9,4	3,5	10,4	11,4	10,0	10,3
Ahornholz	10,6	12,2	11,6	12,1	9,8	3,6	11,4	13,1	4,6	12,2
Lindenholz	13,4	15,1	15,5	15,7	12,9	4,8	14,4	16,7	13,9	14,2
Eichenholz	9,0	10,1	10,3	10,4	8,6	3,3	10,0	10,4	9,5	9,6
Grauguß	0,97	1,09	1,12	1,13	0,93	0,36	1,03	1,19	1,6	1,02
Messing	0,84	0,95	0,98	0,99	0,81	0,33	0,93	0,99	0,95	1,03
Blei und Hartblei .	0,64	0,72	0,74	0,74	0,61	0,23	0,70	0,77	0,67	0,57
Zinn	0,89	1,00	1,03	1,03	0,95	0,37	0,98	1,10	1,4	1,03
Zink	1,00	1,13	1,16	1,17	0,96	0,38	1,09	1,14	1,8	1,08
Gips	7,2	8,3	7,9	8,2	7,2	2,4	7,7	8,4	7,5	7,5

Gewicht des Gußstückes (G) = Modellgewicht (M) mal Faktor (f), also $G = M \cdot f$.

Diese Rechnungsart gilt nur für „Naturmodelle“. Bei „Kernmodellen“ sind Kerne und Kernmarken abzurechnen.

1. Beispiel. Lagerschale als „Naturmodell“ (Bild 419):

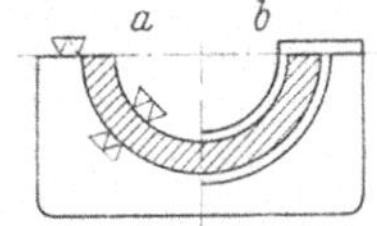

Bild 419. Lagerschale
a Werkzeichnung; *b* Modellriß

Modell aus Ahornholz M = 0,25 kg
Gußstück aus Gußbronze = ?
Faktor laut Tab. 18 f = 11,6

$$G = M \cdot f = 0{,}25 \cdot 11{,}6 = 2{,}90 \text{ kg}.$$

2. Beispiel. Flansch als „Kernmodell“ (Bild 420): Bei Kernmodellen sind Kerne und Kernmarken abzurechnen.

Modell aus Erlenholz $M = 6{,}85$
Gußstück aus Grauguß $G = ?$
Faktor laut Tab. 18 $f = 12{,}8$
Volumen des Kernes und der Kernmarke in dm³ $V = ?$
Gewicht des Kernvolumens und der Kernmarke $G_K = ?$
Gewicht des Modelles ohne Kern und Kernmarke
(Erlenholz $\gamma = 0{,}53$ vgl. Tab. 2 u. 3, S. 6). $G_M = ?$

$$G_M = M - G_K$$

$$V = \frac{d^2 \cdot \pi}{4} \cdot h = \frac{3^2 \cdot 3{,}14 \cdot 1{,}2}{4} = 8{,}478 \text{ dm}^3$$

$$G_K = V \cdot \gamma = 8{,}478 \cdot 0{,}53 = 4{,}493 \text{ kg}$$

$$G_M = M - G_K = 6{,}85 - 4{,}493 = 2{,}357 \text{ kg}$$

$$G = G_M \cdot f = 2{,}357 \cdot 12{,}8 = 30{,}169 \text{ kg}.$$

Bild 420. Flansch
a Werkzeichnung; *b* Modellriß; K_M Kernmerke; K Kern

Ist bei großen Modellen der Modellkörper hohl gearbeitet, so muß auch dieses hohle Volumen berechnet werden.

b) Gewichtsberechnung von Gußstücken. Zuerst wird der Rauminhalt des Gußstückes nach der Zeichnung bestimmt, und zwar in Kubikdezimeter (dm³). Oft ist es jedoch auch notwendig, daß man das Gußstück in Raumgrößen zerlegt, diese dann einzeln berechnet und zusammenzählt. Der so gefundene Wert wird mit der Wichte des Gußwerkstoffes (Tab. 19) malgenommen und ergibt das Gewicht in kg.

Tabelle 19. *Mittlere Werte der Wichte einiger Gußwerkstoffe in kg/dm³*

Grauguß	7,20	Kupfer	8,96	Zink	7,14
Stahlguß	7,75	Bronze	8,75	Aluminium	2,70
Blei	11,34	Messing	8,5	Magnesium	1,74

V. Anhang

Etwas über neue Modellwerkstoffe

Da Holzmodelle in bezug auf Maßhaltigkeit und Form unbeständig sind, Metallmodelle aber erst bei größerer Anzahl von Gußstücken wirtschaftlich werden, war es naheliegend, daß neue Werkstoffe für Gießereimodelle leicht Eingang finden konnten. Darüber sei hier kurz berichtet.

a) Eine interessante Entwicklung hat der Kunstschaumstoff genommen, der als „verlorenes Modell“ in der Form belassen wird und beim Eingießen des flüssigen Metalles ohne Rückstand verbrennt, vergast. In ähnlicher Weise verwendet man für die Herstellung von „Feinguß“ das *Ausschmelzverfahren*[1] mit Modellen aus Wachs oder besonderem Kunststoff, die beim Trocknen bzw. Brennen der Form im Trockenofen herausgeschmolzen werden. Man spricht von *Vollform-Gießen*, gegenüber dem herkömmlichen *Hohlform-Gießen*.

[1] KREKELER, K.-A.: Feinguß. Industriekurier Nr. 86 vom 4. 6. 1959.

Das verlorene Modell aus Kunstschaumstoff wiegt rd. 1/50 der Holzmodelle, läßt sich auf schnellaufenden Maschinen leicht bearbeiten, auch kann man den Kunststoff mit elektrisch erhitztem Draht „schneiden“ und mit Spezialkleber beliebig zusammenkleben. Die Kosteneinsparung gegenüber Holzmodellen ist sehr hoch, weitere Vorteile liegen auch darin, daß man mit einteiligen Modellen auskommt, Kerne und lose Modellteile wegfallen, auch das Lackieren ist überflüssig. Als Nachteil muß angesehen werden, daß dieses Verfahren nur für Einzelabgüsse, bei einfachen Formen bis zu 5 Stück wirtschaftlich ist, da dann auch bis zu 5 Stück verlorene Modelle angefertigt werden müssen. Beim Vollform-Gießen wird ein genaues Abbild des anzufertigenden Gußstückes hergestellt, daher sind Spezialkenntnisse eines Modellbauers, wie Modellteilung, Modellaufbau, Probleme beim Kernguß, hintersichgehende Formen, für Einzelabgüsse nicht mehr notwendig.

Man kann auch kombinieren: Modellkörper aus Holz und schwer zu formende Teile aus Schaumstoff, wobei letztere in der Form liegen bleiben und verbrennen. Bei großen Gußstückzahlen wird man allerdings auf die herkömmliche Art der Modellherstellung zurückgreifen.

Einen besonders interessanten Überblick über den heutigen Stand, die Technik und die wirtschaftlichen Aussichten der Verwendung von Kunststoffschaum bei der Modellherstellung und in der Formerei gibt Professor WITTMOSER[1]. Er berichtet unter Angabe weitergehenden Schrifttumes über das *Kokillengießverfahren*, das *Croningverfahren* zur Herstellung von Maskenformen, erläutert die Vorteile des *Zement-Sandformverfahrens* und weist hin auf die wesentlich kürzeren Abbindezeiten bei Verwendung von *Kunststoffbindern* (z. B. Furanharzbindern) bei der Formen- und Kernherstellung (“cold-setting-” und “hotbox-”-Verfahren). Zum *Ausschmelzverfahren* gibt er geschichtliche Daten an (z. B. Babylon um 2000 vor der Zeitrechnung), schildert den *Feinguß* mit Ausschmelzmodellen aus Wachs. Seit einigen Jahren werden auch Modelle aus geschäumten thermoplastischen Kunststoffen, hier besonders *Polystyrolschaum* gefertigt, die beim Gießen vergasen. Ausführlich behandelt wird dann die Entwicklung des *Vollformgießens* unter Verwendung dieser Kunststoffschaummodelle: Fertigung der Modelle, Form- und Gießtechnik und ihre wirtschaftlichen Möglichkeiten. Schließlich legt der Verfasser anschaulich dar, wie durch Einsatz von *Kugelspeiser-Modellen* aus Polystyrolschaum vom Prinzip des Vollformgießens auch für den Hohlformguß wirtschaftlich Gebrauch gemacht werden kann.

b) Kunstharze als Modellwerkstoffe[2]. Für Gießereimodelle, Kernkästen und Formteile werden *Gießharze* (Äthoxylinharze) im flüssigen und pastenförmigen Zustande verwendet. Man geht aus von einem Muttermodell aus Holz, Gips oder Metall, von dessen Oberflächengüte die Güte der Oberfläche des Kunststoffabgusses abhängt. Über dem Muttermodell fertigt man die Negativ-Form für das Kunstharz-Gießereimodell meistens als Gipsabguß oder zweckmäßig ebenfalls aus Kunstharz. Die Oberfläche der Form muß sorgfältig behandelt werden, einerseits, um die Poren zu schließen, mit einem Formversiegler, andererseits wird sie mit einem Trennmittel versehen, um die hohe Haftung beim Einfüllen der Kunstharze aufzuheben. Formen aus Metall und Kunststoff werden nur mit Trennmitteln behandelt.

Die Lebensdauer dieser Kunstharzmodelle steht Metallmodellen nicht nach (Leichtmetallmodelle sind schlechter, Schwermetallmodelle sind besser). Maß- und Korrosionsbeständigkeit und Oberflächengüte sind besonders hoch. Auch Änderungen können leicht vorgenommen werden.

c) Geschichtete Werkstoffe[3], aus dünnen Holz-Furnieren (Buche) aufgebaut, mit einer Kunstharzlösung getränkt und nach Verdampfen des Lösungsmittels mit dem Tränkgut als Bindemittel bei hohen Drücken und entsprechenden Temperaturen zu Platten oder Bohlen verpreßt, sind ebenfalls in Verwendung. Dieses Plattenmodellholz ist bis 80 mm Dicke im Handel und für Modelle sowie Kernkästen gut geeignet, da es durch seine Volumenbeständigkeit, Festigkeit und Bearbeitbarkeit gegenüber Massivholz erhebliche Vorteile bietet. Auch kann man aus dem Plattenmaterial — ohne verleimen zu müssen — verschiedenst gestaltete Formen, Böden und Kernkastenwände unmittelbar herausarbeiten.

---

[1] WITTMOSER, A.: Über das Vollformgießen mit vergasbaren Modellen. Gießerei 50 (1963) H. 17, S. 506—17.

[2] TRIETSCH, F. K.: Gießereimodelle aus Äthoxylinharzen. Gießerei-Praxis 1957, Nr. 19, S. 438—440.

[3] Vgl. Werkstattbuch Heft 76 „Furniere — Sperrholz — Schichtholz I“.

721/10/65 · V/12/6

Verzeichnis der zur Zeit greifbaren Hefte nach Fachgebieten (Fortsetzung)

Heft

KRABBE: Stanztechnik III. Grundsätze für den Aufbau der Schnittwerkzeuge. 2. Aufl. 1965 .... 59*
SELLIN: Stanztechnik IV. Formstanzen. 3. Aufl. 1965 .... 60*

Trennen (Spanabheben)

KREKELER: Die Zerspanbarkeit der Werkstoffe. 3. Aufl. 1949 61
BUXBAUM: Feilen. 2. Aufl. 1955 46
HOLLAENDER: Das Sägen der Metalle. 2. Aufl. 1951 40
DINNEBIER: Bohren. 4. Aufl. 1949 15
DINNEBIER: Senken und Reiben. 4. Aufl. 1950 16
BRÖDNER: Die Fräser. 5. Aufl. 1961 22
KLEIN: Das Fräsen. 3. Aufl. 1955 88
KLEIN: Fräsmaschinen im Betrieb. 1960 120
MÜLLER: Gewindeschneiden. 5. Aufl. 1949 1
SCHATZ: Innenräumen. 3. Aufl. 1951 26
SCHATZ: Außenräumen. 2. Aufl. 1952 80
STAUDINGER: Das Schleifen und Polieren der Metalle. 5. Aufl. 1955 5
HOFMANN: Spitzenloses Schleifen I. Maschinenaufbau und Arbeitsweise. 1950 97
HOFMANN: Spitzenloses Schleifen II. Zusatzvorrichtungen, Genauigkeits- und Schönheitsschliff. 1952 107
FINKELNBURG: Läppen. 1951 105
ROTTLER: Werkzeugschleifen spangebender Metallbearbeitungswerkzeuge. 2. Aufl. 1961 94
WICHMANN: Maschinen und Werkzeuge für die spangebende Holzbearbeitung. 2. Aufl. 1951 78

Fügen (Schweißen, Löten)

KLOSSE: Das Lichtbogenschweißen. 5. Aufl. 1964 .... 43*
HESSE: Praktische Regeln für den Elektroschweißer. 4. Aufl. 1958 74
RICKEN: Das Schweißen der Leichtmetalle. 2. Aufl. 1949 85
BRUNST u. FAHRENBACH: Das Widerstandsschweißen. 3. Aufl. 1962 .... Doppelheft 73a/b
KLOSSE: Schweißtechnische Berechnungen. 1951 102
VON LINDE: Das Löten. 4. Aufl. 1954 28

Beschichten

KLOSE: Anstrichstoffe und Anstrichverfahren. 1951 103
KLOSE: Farbspritzen. 2. Aufl. 1951 49
KREKELER u. STEINEMER: Metallspritzen. 1952 93
BARTHELS: Rezepte für die Werkstatt. 6. Aufl. 1954 9

Stoffeigenschaftändern

MALMBERG: Glühen, Härten und Vergüten des Stahles. 7. Aufl. 1961 7
KLOSTERMANN: Die Praxis der Warmbehandlung des Stahles. 6. Aufl. 1952 8
GRÖNEGRESS: Brennhärten. 3. Aufl. 1962 89
HÖHNE: Induktionshärten. 1955 116

Maschineneinrichtungen, Vorrichtungen

STAU: Nachformeinrichtungen für Drehbänke (Kopierdrehen) 1954 113
POCKRANDT: Teilkopfarbeiten. 4. Aufl. 1949 6
PETZOLDT: Werkzeugeinrichtungen auf Einspindelautomaten. 2. Aufl. 1953 83
PETZOLDT: Werkzeugeinrichtungen auf Mehrspindelautomaten. 1953 95
FINKELNBURG: Die wirtschaftliche Verwendung von Einspindelautomaten. 2. Aufl. 1949 81
FINKELNBURG: Die wirtschaftliche Verwendung von Mehrspindelautomaten. 2. Aufl. 1949 71
DEURING: Spannen im Maschinenbau. 2. Aufl. 1953 51
MAURI: Der Vorrichtungsbau I. Einteilung, Aufgaben und Elemente der Vorrichtungen. 8. Aufl. 1965 .... 33*

(Fortsetzung 4. Umschlagseite)